prépabrevet

Cours & entraînement

3e
NOUVEAU BREVET

Physique Chimie

Joël Carrasco
Professeur de sciences physiques
au lycée Marcel-Pagnol à Marseille

Gaëlle Cormerais
Professeur des sciences physiques
au lycée Marcel-Pagnol à Marseille

Hatier

Maquette de principe : Frédéric Jély
Mise en pages : Nord Compo
Schémas : Corédoc et Nord Compo
Iconographie : Hatier Illustration
Illustration : Mathieu de Muizon
Édition : Julie Drappier

 ISBN 978-2-401-04727-3

MODE D'EMPLOI

Votre Prépabrevet

- Conforme au **nouveau programme** de physique-chimie entré en vigueur à la rentrée 2016, ce Prépabrevet « Cours et entraînement » vous propose un **outil de travail** très complet et sur mesure, faisant une large place à la préparation du **nouveau brevet**.

- Sur chaque thème du programme, vous sont proposés des fiches de **cours** et de **méthode**, des **exercices**, des **sujets** de type brevet et leurs **corrigés** détaillés.

- Toutes ces ressources, assorties de **commentaires** et de **conseils** des auteurs, vous permettent d'aborder en confiance tous vos contrôles durant l'année et de vous préparer efficacement à la nouvelle épreuve du brevet.

FICHES | **EXERCICES & SUJETS** | **CORRIGÉS**

Votre site de révision

- L'achat de ce Prépabrevet vous permet de bénéficier d'un **ACCÈS GRATUIT*** à toutes les ressources **d'annabac.com** : résumés audio, fiches de cours, quiz interactifs, sujets d'annales corrigés…

- Pour profiter de cette offre, rendez-vous sur **www.annabac.com**, dans la rubrique « Vous avez acheté un ouvrage Hatier ? »

* Selon les conditions précisées sur le site.

SOMMAIRE

Organisation et transformations de la matière

Propriétés de la matière

Structure de la matière

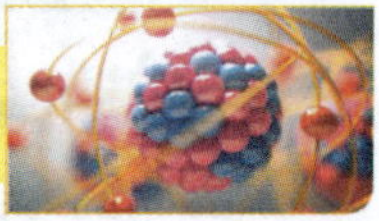

Transformations chimiques

Organisation de la matière de l'Univers

Mouvements et interactions

Études des mouvements des systèmes

L'énergie et ses conversions

Forces et mouvements

L'énergie et ses conversions

Stockage et échange d'énergie

Un transport d'énergie : l'électricité

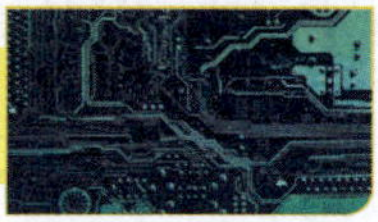

Des signaux pour observer et communiquer

Lumière et distances

Propagation de l'information

L'épreuve du brevet

Propriétés de la matière

FICHES

EXERCICES & SUJETS

CORRIGÉS

1 Décrire les états de la matière et leurs transformations

La matière est présente sur Terre sous différentes formes : on les appelle les états physiques de la matière.

RETENIR L'ESSENTIEL

I La description microscopique de la matière

1. Les corps purs

Un **corps pur** est une substance constituée d'une seule sorte de molécules.

Exemple : L'eau distillée n'est constituée que de molécules d'eau.

> **Mot-clé**
> Une **molécule** est un assemblage d'atomes (→ Fiche 6).

2. Les mélanges

Un **mélange** est une substance constituée de plusieurs sortes de molécules.

Exemple : L'eau sucrée est constituée d'eau et de saccharose (sucre).

II Les trois états de la matière et leurs caractéristiques

- La matière peut exister sous trois états différents : **solide**, **liquide** ou **gaz**.
- Chaque état possède des caractéristiques particulières :

– à l'état solide, la matière a une forme et un volume propres ;

– à l'état liquide, la matière a un volume propre et prend la forme du récipient qui le contient ;

– à l'état gazeux, la matière n'a ni forme ni volume propres : elle occupe tout l'espace qui lui est offert.

III Les différents changements d'état

Le passage d'un état physique (solide, liquide ou gaz) à un autre est appelé **changement d'état**.

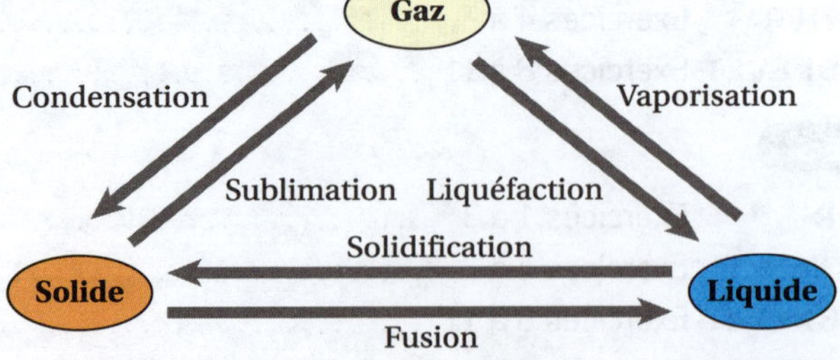

APPLIQUER LA MÉTHODE

Identifier des changements d'état

Les huiles essentielles sont extraites directement du milieu naturel dans lequel on les trouve (racines, feuilles ou fleurs) en utilisant la méthode de l'entraînement à la vapeur dont les différentes étapes sont schématisées ci-dessous.

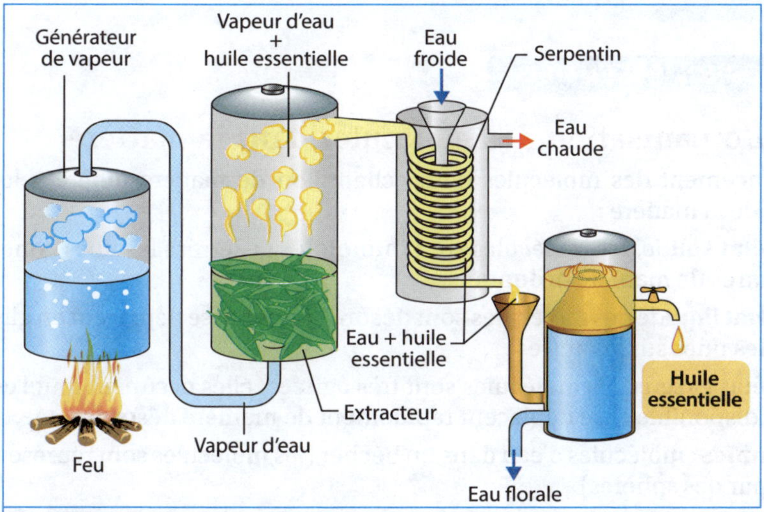

Distillation par entraînement à la vapeur d'eau

1. Est-ce que le générateur de vapeur et l'extracteur contiennent des corps purs ou des mélanges ?

2. Quels sont les changements d'état opérés dans le générateur de vapeur et le serpentin ?

Conseils

Identifie d'abord l'état de la matière avant et après chaque transformation.
À l'aide du schéma du paragraphe III, trouve le nom du changement d'état.

Solution

1. Le générateur de vapeur contient uniquement de l'eau : il s'agit donc d'un **corps pur**. L'extracteur contient de l'eau, de l'huile essentielle et des plantes : il s'agit donc d'un **mélange**.

2. Dans le générateur de vapeur, l'eau passe de l'état liquide à l'état gazeux : il s'agit d'une **vaporisation**. Dans le serpentin l'eau passe de l'état gazeux à l'état liquide : il s'agit d'une **liquéfaction**.

Pour vérifier que tu as compris ▸ Exercices 1 à 3
Pour t'entraîner ▸ Exercices 4 à 7
Pour préparer le brevet ▸ Exercices 8 à 11

2 Comprendre les transformations de la matière au niveau microscopique

La matière est constituée de molécules. Comment sont-elles agencées en fonction de l'état physique de l'échantillon ? Cet agencement est-il conservé lors d'un changement d'état ?

RETENIR L'ESSENTIEL

I L'organisation des molécules dans la matière

L'agencement des molécules d'un échantillon de matière diffère selon l'état de la matière :

– à l'**état solide**, les molécules sont **immobiles** et serrées les unes contre les autres de manière **ordonnée** ;

– à l'**état liquide**, les molécules sont **désordonnées** et se déplacent en glissant les unes sur les autres ;

– à l'**état gazeux**, les molécules sont très **agitées**, elles occupent tout l'espace disponible et se déplacent rapidement de manière **désordonnée**.

Exemples : molécules d'eau dans un bécher (les molécules sont représentées par des sphères).

État solide	État liquide	État gazeux
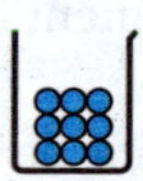	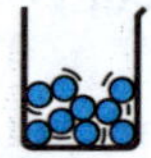	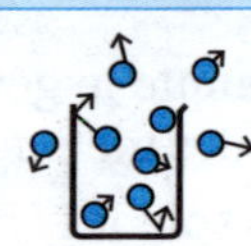

II Les changements d'état et leurs conséquences

Lors d'un changement d'état :

- la **masse de l'échantillon ne change pas** car le nombre de molécules reste constant ;

- le **volume de l'échantillon varie**, car les molécules ne sont pas à la même distance les unes des autres selon l'état.

Exemple : solidification de l'eau.

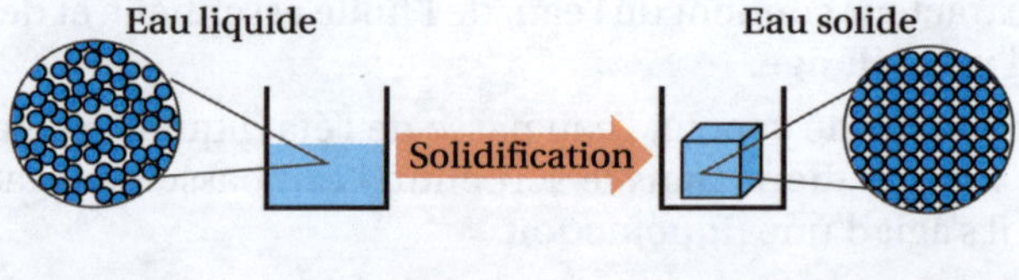

APPLIQUER LA MÉTHODE

Exploiter la structure microscopique de la matière

On enferme dans un récipient hermétique de volume $V_{\text{récipient}} = 50\ \text{cm}^3$ et de masse $m_{\text{récipient}} = 40$ g, un cube d'eau gelée de volume $V_{\text{eau}} = 3\ \text{cm}^3$ et de masse $m_{\text{eau}} = 3$ g.

On chauffe le récipient jusqu'à ce que toute l'eau soit vaporisée.

Quel est, parmi les schémas suivants, celui qui correspond au récipient, une fois le chauffage terminé ?

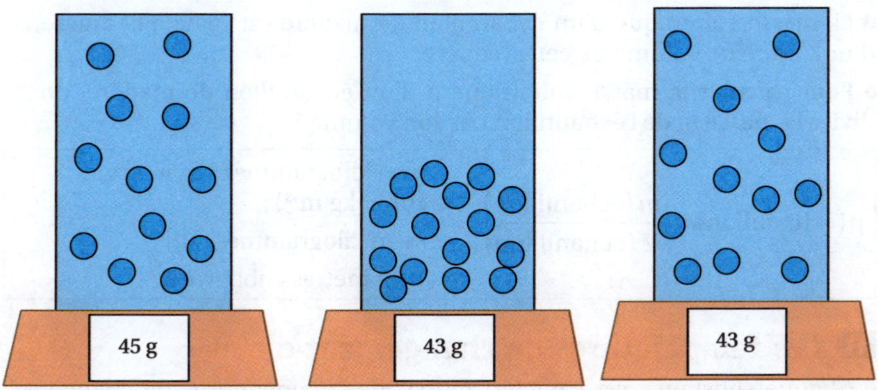

1 2 3

Conseils

- Souviens-toi de l'organisation des molécules dans les différents états de la matière.
- Souviens-toi que la masse ne varie pas et que le volume varie au cours d'un changement d'état.

Solution

- La vapeur d'eau est un gaz : les molécules d'eau sont agitées et occupent tout l'espace disponible. Le **schéma 2** ne peut donc pas convenir.
- La masse du récipient contenant le glaçon est égale à 40 + 3 = 43 g.

La masse de l'eau ne change pas lorsqu'elle passe de l'état solide à liquide puis à gazeux car le nombre de molécules reste le même.

La vapeur d'eau a aussi une masse égale à 3 g. La masse du récipient contenant l'eau doit rester constante et égale à 43 g au cours du chauffage.

C'est donc le **schéma 3** qui convient.

Pour vérifier que tu as compris ▸ Exercices 1 à 3
Pour t'entraîner ▸ Exercices 4 à 7
Pour préparer le brevet ▸ Exercices 8 à 11

3 Connaître les caractéristiques d'un échantillon de matière

Chaque espèce chimique possède des propriétés physiques dont les valeurs lui sont propres : ce sont ses caractéristiques physiques.

RETENIR L'ESSENTIEL

I La masse volumique

- La masse volumique d'un échantillon de matière est égale à la **masse d'une unité de volume** de cette matière.
- Pour calculer la masse volumique ρ d'un échantillon de matière, on divise la masse m de l'échantillon par son volume V :

$$\rho(\text{échantillon}) = \frac{m(\text{échantillon})}{V(\text{échantillon})}$$

- ρ en kilogrammes par mètre cube ($kg{\cdot}m^{-3}$) ;
- m en kilogrammes (kg) ;
- V en mètres cubes (m^3).

II Les températures de changement d'état

- Chaque substance est caractérisée par des températures de changement d'état qui lui sont propres.

Exemples : $T_{\text{fusion de l'eau}} = 100$ °C ; $T_{\text{fusion du fer}} = 1\,535$ °C.

- Les changements d'état des corps purs se font à température constante. En revanche, lors des changements d'état des mélanges, la température varie.

Exemples : courbes de variation de la température au cours du temps lors de la solidification d'un corps pur (eau distillée) et d'un mélange (eau salée).

Mots-clés

- Un **corps pur** est composé d'une seule sorte de molécules (→ Fiche 1).
- Un **mélange** est composé de plusieurs sortes de molécules (→ Fiche 6).

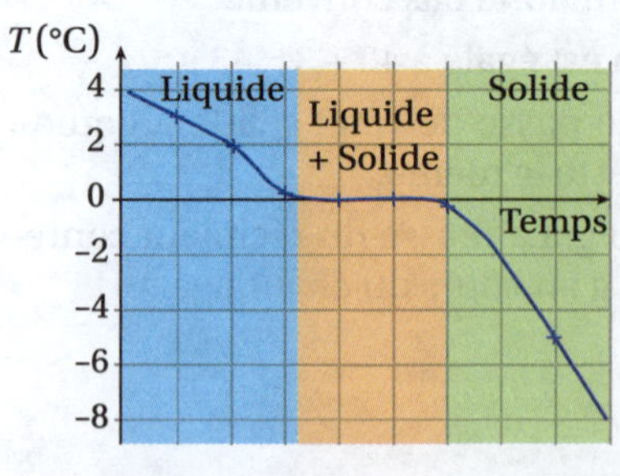

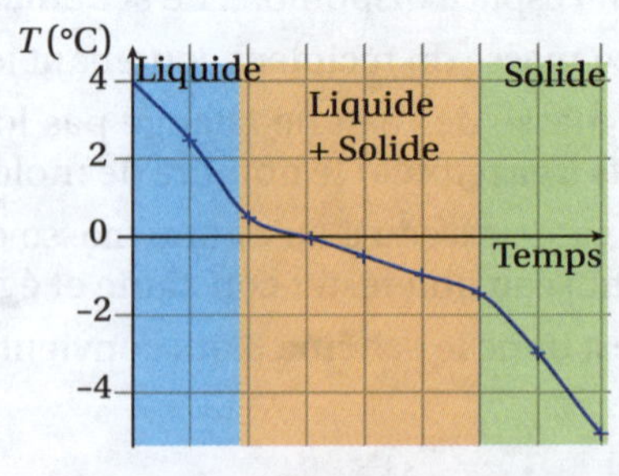

APPLIQUER LA MÉTHODE

Exploiter la formule de la masse volumique

On place sur le plateau d'une balance un récipient gradué en millilitres puis on appuie sur le bouton tare (schéma a). On verse ensuite un liquide, on note le volume V mesuré et la masse m affichée (schéma b.).

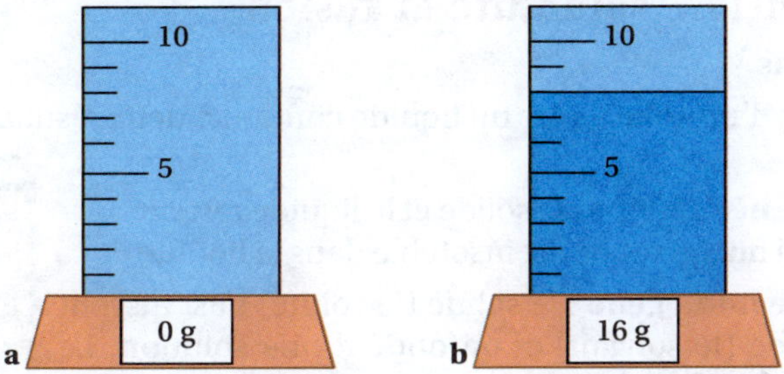

1. Calculer la masse volumique ρ_{liq} du liquide en kilogrammes par mètre cube.

2. Calculer la masse m_{liq} en kilogrammes de ce liquide pour un volume V_{liq} égal à 0,30 m^3.

Conseils

- Pense à convertir dans les bonnes unités :
1 mL = 1 cm^3 et 1 cm^3 = 1×10^{-6} m^3 ;
1 g = 1×10^{-3} kg.
- Utilise la formule de la masse volumique sous la forme $\rho = \frac{m}{V}$ et sous la forme $m = \rho \times V$.

Solution

1. Les mesures réalisées sur le schéma b sont m = 16 g et V = 8,0 mL.

- On convertit le volume en mètres cube :
V = 8,0 mL = 8,0 cm^3 = $8{,}0 \times 10^{-6}$ m^3.
- On convertit la masse en kilogrammes :
m = 16 g = 16×10^{-3} kg.
- On calcule la masse volumique : $\rho_{liq} = \frac{m}{V} = \frac{16 \times 10^{-3}}{8{,}0 \times 10^{-6}} = \mathbf{2{,}0 \times 10^3\ kg \cdot m^{-3}}$.

2. On calcule la masse m_{liq} : $m_{liq} = \rho_{liq} \times V_{liq} = 2{,}0 \times 10^3 \times 0{,}30 = \mathbf{6{,}0 \times 10^2\ kg}$.

Pour vérifier que tu as compris ▸ Exercices 1 à 3
Pour t'entraîner ▸ Exercices 4 à 7
Pour préparer le brevet ▸ Exercices 8 à 11

4 Connaître les propriétés d'un solvant : l'eau

RETENIR L'ESSENTIEL

I Dissolution, solubilité et fusion

1. Définitions

- Le mélange d'un solide avec un liquide conduit à deux résultats possibles :

– un **mélange hétérogène** : le solide et le liquide restent visibles à l'œil nu. Le solide est insoluble dans le liquide ;

– un **mélange homogène** : le solide (le soluté) s'est dissout dans le liquide (le solvant) et on obtient une solution. Le solide est soluble dans le liquide.

Exemple : lorsque l'on met du sel dans l'eau de cuisson des pâtes, le sel se dissout dans l'eau : le sel est le soluté et l'eau le solvant.

- La dissolution d'un soluté est limitée : lorsque le solvant ne peut plus dissoudre de soluté, on obtient une **solution saturée**.

Mots-clés

- La **solubilité** correspond à la quantité maximale de solide (ou de gaz) qui peut être dissoute dans un solvant donné.
- Une **dissolution** consiste à dissoudre un solide (ou un gaz) dans un liquide pour obtenir une solution.

2. Fusion et dissolution

- La **fusion** est un **changement d'état** d'une substance (passage de l'état solide à l'état liquide), tandis que la **dissolution** est un **mélange** de deux substances chimiques.

Exemple : le sucre se dissout dans le café, tandis qu'il change d'état lorsqu'on le chauffe (fusion) pour préparer du caramel.

II Dilution d'une solution

- Lorsqu'on **ajoute du solvant** à une solution déjà préparée, on réalise une dilution. On obtient alors un mélange homogène dont le volume est supérieur à celui de la solution initiale.

Exemple : en ajoutant de l'eau à du sirop de menthe, on réalise une dilution.

- Lors d'une dissolution, il y a **conservation de la masse** totale :

$$m_{\text{solution}} = m_{\text{soluté}} + m_{\text{solvant}}$$

APPLIQUER LA MÉTHODE

Savoir identifier une dissolution et une dilution

Voici deux illustrations d'un livre de chimie concernant des préparations de solutions aqueuses de sulfate de cuivre (qui est un solide bleu) :

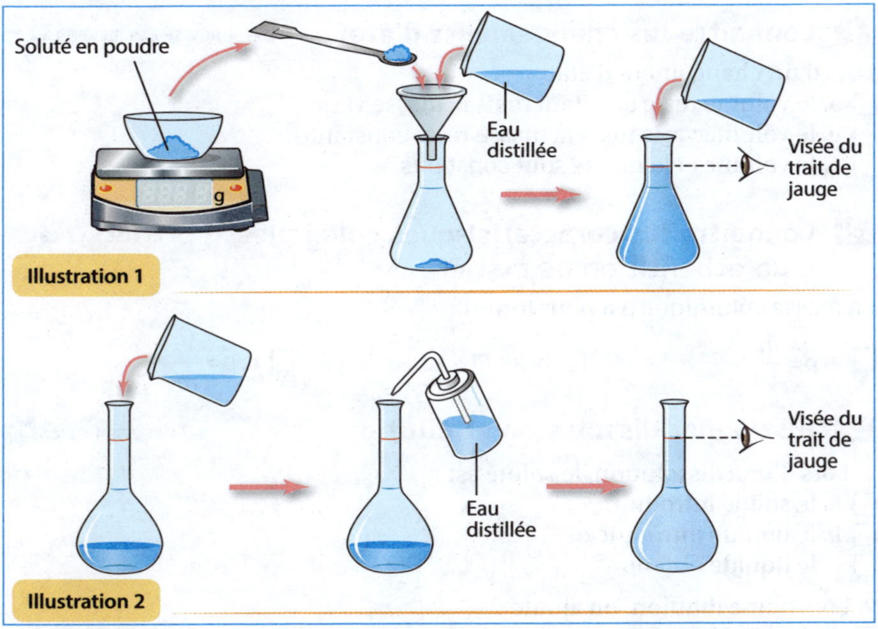

1. Identifier le type de préparation associé à chacune des illustrations.

2. On dissout 30 g de sulfate de cuivre dans un volume d'eau de 100 mL et de masse 100 g. Calculer la masse de la solution aqueuse obtenue.

Conseils

2. Souviens-toi qu'il y a conservation de la masse totale au cours de la dissolution.

Solution

1. L'**illustration 1** correspond à une **dissolution** car on observe qu'un solide bleu est mélangé avec de l'eau pour y être dissout. L'**illustration 2** correspond à une **dilution** car on observe que l'on ajoute de l'eau à une solution déjà préparée.

2. La masse de la solution aqueuse est égale à $m = 30 + 100 =$ **130 g**.

Pour vérifier que tu as compris ▸ Exercices 1 à 3
Pour t'entraîner ▸ Exercices 4 à 7
Pour préparer le brevet ▸ Exercices 8 à 11

Se tester QUIZ

Vérifie que tu as bien compris les points clés des **fiches 1 à 4.**

Pour chaque question, vérifie ta réponse à l'aide du corrigé et consulte les fiches de cours si nécessaire.

1 Connaître les changements d'état

→ RÉVISE LES FICHES 1 ET 2

Lors d'un changement d'état :

☐ **a.** le volume reste constant mais la masse varie

☐ **b.** le volume varie mais la masse reste constante

☐ **c.** le volume et la masse sont constants

2 Connaître les caractéristiques chimiques d'un échantillon de matière

→ RÉVISE LA FICHE 3

La masse volumique ρ a pour formule :

☐ **a.** $\rho = \frac{m}{V}$ ☐ **b.** $\rho = m \times V$ ☐ **c.** $\rho = \frac{V}{m}$

3 Distinguer dissolution et dilution

→ RÉVISE LA FICHE 4

1. Lors d'une dissolution, le soluté est :

☐ **a.** le solide introduit

☐ **b.** le liquide introduit

☐ **c.** le liquide obtenu

2. Lors d'une dilution, on ajoute :

☐ **a.** du soluté

☐ **b.** du solvant

S'entraîner

Vérifie que tu sais appliquer les méthodes des **fiches 1 à 4.**

Pour chaque exercice, consulte la méthode indiquée et compare ta réponse à celle donnée dans le corrigé.

4 Comprendre ce qu'est un nuage

→ APPLIQUE LA MÉTHODE DE LA FICHE 1

Un nuage est constitué d'une très grande quantité de gouttelettes d'eau en suspension dans l'atmosphère et se déplaçant au gré des vents. Il existe dans le nuage un mouvement ascendant d'air qui propulse les gouttes d'eau vers le haut. Si la température baisse suffisamment au cours de l'ascension, celles-ci se transforment en petits glaçons. Il existe aussi un mouvement d'air descendant qui entraîne les glaçons formés qui se transforment alors en gouttes d'eau.

1. Le nuage peut-il être considéré comme un corps pur ou un mélange ?
2. Quel changement d'état s'effectue lors de l'ascension des gouttes d'eau ?
3. Quel changement d'état s'effectue lors de la descente des glaçons ?

5 Étudier un échantillon métallique

→ APPLIQUE LA MÉTHODE DE LA FICHE 2

Un échantillon de métal en fusion est extrait d'un four de sidérurgie. Le volume du métal liquide est égal à $V = 50\ cm^3$ et sa masse est égale à $m = 400$ g. On plonge cet échantillon dans une cuve d'eau froide et il se solidifie instantanément. Le métal solide a alors un volume V_1 et une masse m_1.

1. Associer à chacun des schémas suivants représentant l'organisation des atomes métalliques, l'état de l'échantillon métallique.

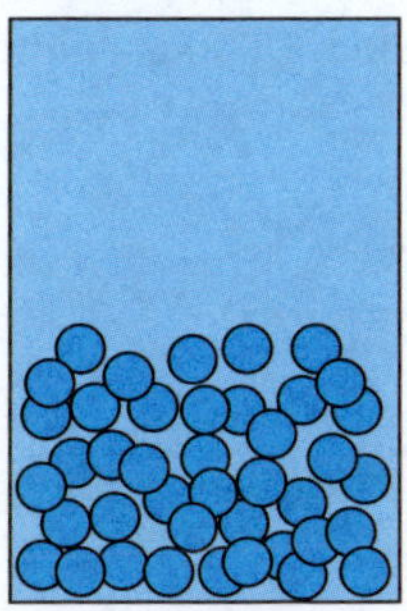

Schéma 1

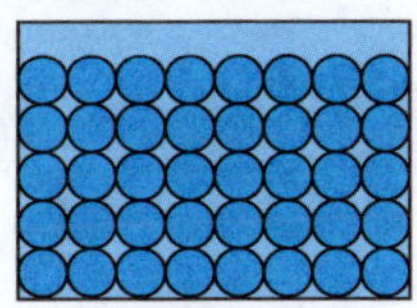

Schéma 2

2. En justifiant votre choix, choisir la valeur de la masse m_1 parmi les valeurs suivantes :

- ☐ **a.** $m_1 = 450$ g
- ☐ **b.** $m_1 = 350$ g
- ☐ **c.** $m_1 = 400$ g
- ☐ **d.** $m_1 = 50$ g

3. Un ouvrier sidérurgiste affirme : « L'acier solide que l'on récupère après une fournée liquide représente un volume inférieur de 20 % au volume de l'acier liquide que l'on a produit. » Justifier sa réponse.

6 Identifier les liquides composant la vinaigrette

→ APPLIQUE LA MÉTHODE DE LA FICHE 3

Une vinaigrette se prépare avec deux liquides qui sont le vinaigre et l'huile d'olive. La masse volumique de l'huile d'olive est égale à $\rho_{huile} = 920\ kg \cdot m^{-3}$ tandis qu'un volume de vinaigre $V_{vinaigre} = 0{,}100\ m^3$ a une masse $m_{vinaigre} = 105$ kg.

1. Calculer la masse m_{huile} d'un échantillon d'huile d'olive de volume $V_{huile} = 0{,}250\ m^3$.

2. Calculer la masse volumique $\rho_{vinaigre}$ du vinaigre.

3. Calculer les masses respectives d'huile d'olive et de vinaigre pour un même volume égal à 500 cm^3. Quel est celui des deux liquides que l'on peut qualifier de plus lourd ?

7 Préparation de solutions de colorants alimentaires

→ APPLIQUE LA MÉTHODE DE LA FICHE 4

Le bleu patenté est un colorant alimentaire (numéro E131) qui est utilisé pour colorer certaines denrées alimentaires. Il se présente sous la forme d'une poudre bleue. On prépare une solution de bleu patenté notée S_1 en dissolvant 15 grammes de poudre bleue dans un volume d'eau égal à deux litres. On prépare une deuxième solution notée S_2 en prélevant cent millilitres de la solution S_1 et en complétant avec de l'eau jusqu'à un litre.

1. Sachant que la masse d'un litre d'eau est égale à 1 000 g, calculer la masse de la solution S_1.

2. Quel est la méthode de préparation pour S_1 ?

3. Quel est la méthode de préparation pour S_2 ?

Vers le brevet

Exerce-toi en vue du brevet et révise les **fiches 1 à 4.**

Pour chaque sujet, aide-toi des conseils donnés et compare ta réponse à celle donnée dans le corrigé.

SUJET TYPE

8 Refroidissement d'un liquide

10 min

→ APPLIQUE LA MÉTHODE DE LA FICHE 1

En cours de physique-chimie, le professeur demande aux élèves de tracer les variations de la température d'un liquide au cours de son refroidissement.

1. Si les élèves refroidissent suffisamment le liquide, quel changement d'état va-t-il subir ?

2. Le graphique obtenu est reproduit ci-dessous. Le liquide est-il un mélange ou un corps pur ? Justifier.

Document **Variation de la température au cours du temps lors du refroidissement du liquide**

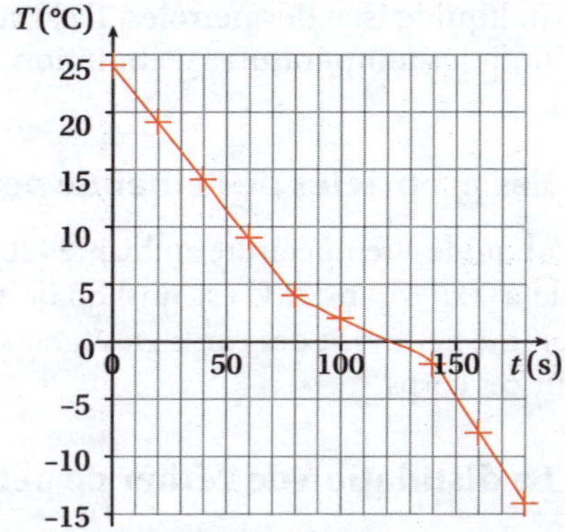

3. Détermine, à l'aide du graphique, l'intervalle de temps durant lequel la substance est présente sous deux états physiques.

TYPE

9 Identification d'une espèce chimique

15 min

→ APPLIQUE LA MÉTHODE DE LA FICHE 3

Marion a trouvé dans sa cuisine un flacon sans étiquette contenant une poudre blanche. Pour identifier la poudre, elle prend 125 mL de ce solide et mesure sa masse : elle obtient m_{poudre} = 198,5 g.

1. Calcule la valeur de la masse volumique de la poudre.

2. À partir du tableau ci-dessous, identifie la poudre.

Espèce chimique	Sel de table	Sucre cristallisé
Masse volumique (kg·m^{-3})	2 160	1 588

3. Elle mélange 20 g de cette poudre à 100 mL d'eau liquide.
Quelle va être la masse de la solution préparée ?
Donnée : la masse volumique de l'eau est de 1 000 kg·m^{-3}.

Démarrons ensemble

1. Exprime la masse en kilogrammes et le volume en mètres cubes.
2. Calcule la masse de l'eau à l'aide de la formule de la masse volumique ; exprime la masse en kilogrammes et le volume en mètres cubes.

SUJET TYPE 10 — 20 min

La distillation d'un produit pétrolier

→ APPLIQUE LA MÉTHODE DES FICHES 1 À 4

L'éther de pétrole est un liquide issu des pétroles. Il est constitué par plusieurs hydrocarbures dont les températures d'ébullition sont comprises entre 40 °C et 65 °C.

Document 1 Les propriétés de l'éther de pétrole

« L'éther de pétrole est liquide à température ambiante (20 °C) et sa masse volumique $\rho_{éther}$ est égale à 720 kg · m^{-3}. C'est un liquide très peu soluble dans l'eau. On l'utilise comme nettoyant des corps gras (graisse, huile..) car c'est un très bon solvant pour ces corps.

Document 2 La distillation de l'éther de pétrole

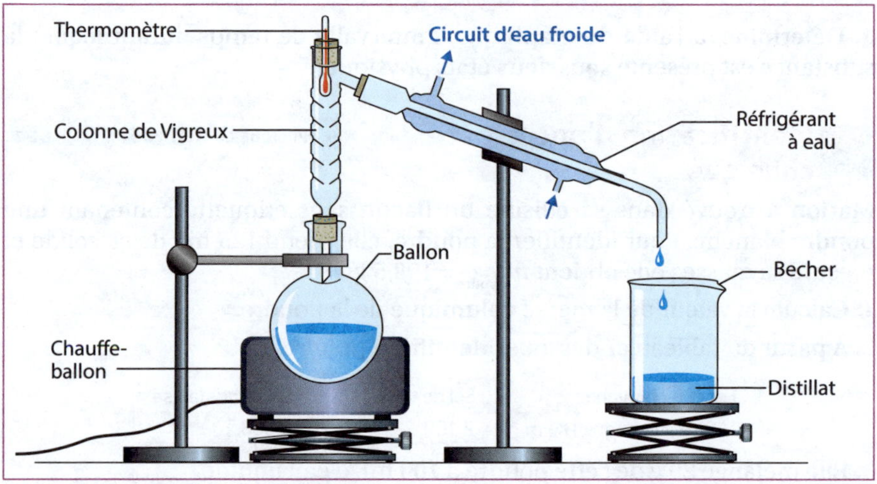

La distillation est une technique utilisée au laboratoire pour séparer les différents constituants d'un liquide.
Le liquide est placé dans le ballon qui est chauffé grâce au chauffe-ballon. Sous l'effet du chauffage, il se forme des vapeurs qui montent alors dans la colonne de Vigreux. Cette colonne permet de séparer les différents constituants du liquide. Une fois arrivées en haut de la colonne, les vapeurs passent dans le réfrigérant à eau où elles se transforment en liquide. Le liquide est ensuite récupéré dans le bécher : on l'appelle alors le distillat.

1. L'éther de pétrole est-il un mélange ou un corps pur ? Justifier.

2. Quel type de mélange obtient-on si on met dans un même récipient de l'éther de pétrole et de l'eau ?

3. Lorsque l'éther de pétrole est utilisé comme nettoyant, réalise-t-on une dissolution ou une dilution ?

4. Calculer la masse $m_{\text{éther}}$ en kilogrammes correspondant à un volume d'éther de pétrole $V_{\text{éther}}$ égal à 100 cm^3.

5. Quel changement d'état est réalisé dans le ballon ?

6. Quel changement d'état est réalisé dans le réfrigérant ?

7. Le distillat obtenu a une masse $m_{\text{distillat}}$ égale à 70 g et un volume $V_{\text{distillat}}$ égal à 100 cm^3. Calculer sa masse volumique $\rho_{\text{distillat}}$ en kilogrammes par mètre cube.

8. Est-ce que la masse $m_{\text{distillat}}$ et le volume $V_{\text{distillat}}$ ont varié entre l'entrée dans le réfrigérant à eau et la sortie ?

Démarrons ensemble

1. Utilise le texte introductif de l'énoncé.
3. Calcule la masse à l'aide de la formule de la masse volumique. Convertis le volume en mètre cubes : $1\ cm^3 = 1 \times 10^{-6}\ m^3$.
5 et 6. Identifie l'état de la matière avant puis après le changement d'état.
7. Convertis la masse en kilogrammes : $1\ g = 1 \times 10^{-3}\ kg$.

SUJET TYPE

11 Étude d'une centrale électrique thermique

20 min

→ APPLIQUE LA MÉTHODE DES FICHES 1 À 4

L'énergie électrique produite par une centrale peut l'être à partir de l'énergie thermique dégagée lors de la combustion du charbon.
Dans une centrale au charbon, celui-ci est préalablement broyé avant d'être envoyé dans des brûleurs où il subit une combustion. La chaleur dégagée permet de chauffer l'eau contenue dans un générateur de vapeur. Dans ce générateur, l'eau liquide est transformée en vapeur d'eau haute pression qui est ensuite injectée dans une turbine qui se met à tourner. Cette turbine fait alors actionner un alternateur qui produit du courant électrique.

Document 1 Qu'est-ce que le charbon ?

« Le charbon est une roche qui se forme par la sédimentation des matières organiques (animales et végétales) dans les profondeurs de la Terre, sous l'effet de fortes températures et de fortes pressions. Sa formation nécessite plusieurs millions d'années. Il est exclusivement composé de carbone. Sa masse volumique ρ_{charbon} est égale à $1346\ kg \cdot m^{-3}$.

Document 2 Le fonctionnement d'une centrale thermique

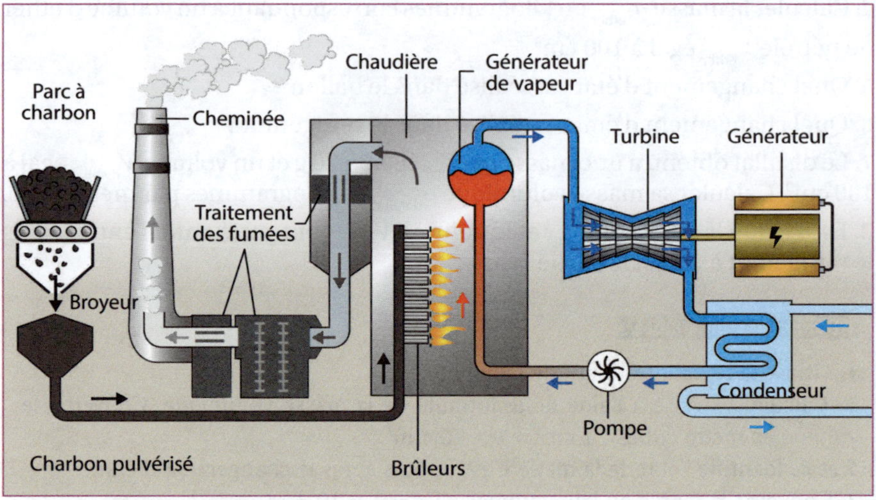

1. Le charbon est-il un corps pur ou un mélange ?

2. Décrire l'organisation des atomes de carbone dans le charbon.

3. Quel changement d'état s'effectue dans le générateur de vapeur ?

4. Décrire l'agencement des molécules d'eau dans les deux états physiques que l'on trouve dans le générateur de vapeur.

5. Une centrale thermique consomme une masse m_{charbon} égale à 2 250 tonnes de charbon par jour.
Calculer le volume V_{charbon} en mètres cubes correspondant.

6. La masse volumique de l'eau liquide est égale à $\rho_{\text{liquide}} = 1\,000 \text{ kg} \cdot \text{m}^{-3}$, tandis que celle de la vapeur d'eau sous pression est égale à $\rho_{\text{vapeur}} = 5{,}00 \text{ kg} \cdot \text{m}^{-3}$.
Calculer les volumes V_{liquide} et V_{vapeur} en mètres cubes correspondant à une masse d'eau m_{eau} égale à 10,0 kg.
Sachant que la masse ne change pas au cours d'un changement d'état, que peut-on dire concernant le volume ?

7. La courbe de variation de température au cours du temps du changement d'état de l'eau dans le générateur de vapeur est la suivante.

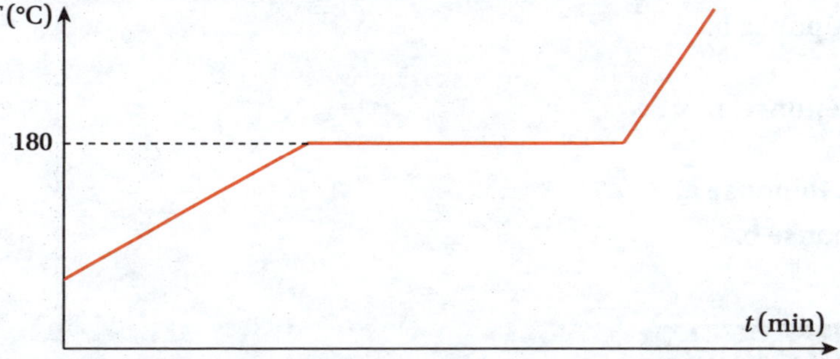

Trouver la température de changement d'état de l'eau. Est-ce que cette courbe permet d'affirmer que l'eau est un corps pur ?

Démarrons ensemble

1. Utilise le document 1.
3. Identifie l'état de la matière avant puis après le changement d'état.
5. Calcule le volume à l'aide de la formule de la masse volumique. Convertis la masse en kilogramme : 1 t = 1×10^3 kg.

Se tester QUIZ

1 **Réponse b.**

2 **Réponse a.**

3 **1. Réponse a.**

2. Réponse b.

S'entraîner

4 **1.** Le nuage peut être considéré comme un **corps pur** car on n'y trouve que de l'eau.

2. Lors de l'ascension des gouttes d'eau, il y a passage de l'état liquide à l'état solide. D'après le schéma du paragraphe III de la fiche 1, c'est une **solidification**.

3. Lors de la descente des glaçons, il y a passage de l'état solide à l'état liquide : c'est une **fusion**.

5 **1.** ▪ Le **schéma 1** correspond à l'état liquide car les atomes sont désordonnés et ils se déplacent en glissant les uns sur les autres.

▪ Le **schéma 2** correspond à l'**état solide** car les atomes sont immobiles et serrés les uns contre autres de manière ordonnée.

2. Réponse c. La valeur de la masse m_1 est égale à $\mathbf{m_1 = 400\ g}$ car au cours d'un changement d'état, la masse ne varie pas.

3. L'ouvrier sidérurgiste a raison car au cours d'un changement d'état, le volume varie.

6 **1.** Calcul de la masse m_{huile} :

$m_{\text{huile}} = \rho_{\text{huile}} \times V_{\text{huile}} = 920 \times 0{,}250 = \mathbf{230\ kg}$.

2. Calcul de la masse volumique ρ_{vinaigre} :

$$\rho_{\text{vinaigre}} = \frac{m_{\text{vinaigre}}}{V_{\text{vinaigre}}} = \frac{105}{0{,}100} = \mathbf{1\,050\ kg \cdot m^{-3}}.$$

3. On convertit le volume en mètres cubes : $V = 500\ \text{cm}^3 = 500 \times 10^{-6}\ \text{m}^3$.

$m_{\text{huile}} = \rho_{\text{huile}} \times V = 920 \times 500 \times 10^{-6} = 0{,}46\ \text{kg}$

$m_{\text{vinaigre}} = \rho_{\text{vinaigre}} \times V = 1050 \times 500 \times 10^{-6} = 0{,}53\ \text{kg}$

Le liquide le plus lourd est celui qui a la masse la plus grande : c'est le **vinaigre**.

7 **1.** Sachant que la masse d'un litre d'eau est égale à 1 000 g, la masse de deux litres d'eau est égale à **2 000 g**.

Au cours la dissolution, il y a conservation de la masse. La masse de la solution S_1 est donc égale à $m = 2\,000 + 15 = $ **2 015 g.**

2. La solution S_1 est préparée par **dissolution**.

3. La solution S_2 est préparée par **dilution**.

Vers le brevet

8 **1.** En refroidissant suffisamment, un liquide devient solide : il s'agit donc d'une **solidification**.

2. Le graphique ne présente pas de palier de température, celle-ci varie durant le changement d'état : le liquide étudié est un **mélange**.

3. La substance est présente sous deux états différents lors du changement d'état : ici, **entre 80 et 140 secondes** la substance est en partie à l'état liquide et en partie à l'état solide.

9 **1.** Calcul de la masse volumique :

$$\rho(\text{poudre}) = \frac{m\ (\text{poudre})}{V\ (\text{poudre})} = \frac{0{,}198\,5}{0{,}000\,125} = 1\,588\ \text{kg}\cdot\text{m}^{-3}.$$

À noter
Pense à exprimer la masse en kilogrammes et le volume en mètres cubes.

2. La masse volumique calculée est égale à celle du **sucre cristallisé**.

3. Calcul de la masse d'eau :

$m_{eau} = \rho_{eau} \times V_{eau} = 1\,000 \times 0{,}000\,100 = 0{,}100$ kg.

Lors de la dissolution, il y a conservation de la masse totale :

$m_{solution} = m_{eau} + m_{poudre}$ soit $m_{solution} = 100 + 20 = $ **120 g**.

À noter
Exprime la masse d'eau en grammes.

10 **1.** L'éther de pétrole est un **mélange** car il est composé de plusieurs hydrocarbures.

2. L'éther de pétrole étant très peu soluble dans l'eau, le mélange obtenu est **hétérogène**.

3. Lorsque l'éther de pétrole est utilisé comme nettoyant, on réalise une **dissolution** car les corps gras sont dissous dans le solvant.

4. On convertit le volume en mètres cube :

$V_{éther} = 100\ \text{cm}^3 = 100 \times 10^{-6}\ \text{m}^3$.

$m_{éther} = \rho_{éther} \times V_{éther} = 720 \times 100 \times 10^{-6} = $ **0,072 kg**.

Méthode
Il faut exprimer le volume en mètres cubes.

5. Le changement d'état réalisé dans le ballon est la vaporisation.

6. Le changement d'état réalisé dans le réfrigérant est la **liquéfaction**.

7. On convertit la masse en kilogrammes : $70\ g = 70 \times 10^{-3}\ kg$.

On convertit le volume en mètres cubes :

$V_{distillat} = 100\ cm^3 = 100 \times 10^{-6}\ m^3$.

$$\rho_{distillat} = \frac{m_{distillat}}{V_{distillat}} = \frac{70 \times 10^{-3}}{100 \times 10^{-6}} = \mathbf{700\ kg{\cdot}m^{-3}}.$$

Méthode
Il faut exprimer la masse en kilogrammes.

8. La masse $m_{distillat}$ **n'a pas varié** et le volume $V_{distillat}$ **a varié** entre l'entrée dans le réfrigérant à eau et la sortie, car il s'est effectué dans le réfrigérant à eau un changement d'état.

11 **1.** Le charbon est un **corps pur** car il n'est composé que de carbone.

2. Les atomes de carbone dans le charbon, qui est un solide, sont immobiles et serrés les uns contre autres de manière ordonnée.

3. Le changement d'état qui s'effectue dans le générateur de vapeur est une **vaporisation.**

4. Les deux états physiques que l'on trouve dans le générateur de vapeur sont l'état liquide et l'état gazeux.

Pour l'**état liquide**, les molécules sont désordonnées et elles se déplacent en glissant les unes sur les autres.

Pour l'**état gazeux**, les molécules sont très agitées, elles occupent tout l'espace disponible et se déplacent rapidement de manière désordonnée.

5. On convertit la masse en kilogrammes : $m = 2\,250\ t = 2\,250 \times 10^3\ kg$

Calcul du volume $V_{charbon}$:

$$V_{charbon} = \frac{m_{charbon}}{\rho_{charbon}} = \frac{2\,250 \times 10^3}{1\,346} = \mathbf{1\,672\ m^3}$$

Méthode
Il faut exprimer la masse en kilogrammes.

6. Calcul des volumes $V_{liquide}$ et V_{vapeur} en mètres cubes correspondant à une masse d'eau m_{eau} égale à 10,0 kg :

$$V_{liquide} = \frac{m_{eau}}{\rho_{liquide}} = \frac{10,0}{1\,000} = \mathbf{0,010\ m^3}$$

$$V_{vapeur} = \frac{m_{eau}}{\rho_{vapeur}} = \frac{10,0}{5,0} = \mathbf{2,0\ m^3}.$$

Sachant que la masse ne change pas au cours d'un changement d'état, on peut dire que l**e volume change** car $V_{liquide} \neq V_{vapeur}$.

7. La température de changement d'état de l'eau correspond à la valeur de T pour le palier horizontal : on trouve $\mathbf{T = 180\ °C}$.

Cette courbe permet d'affirmer que l'eau est un **corps pur** car le changement d'état se fait à température constante (180 °C).

ORGANISATION ET TRANSFORMATIONS DE LA MATIÈRE

Structure de la matière

FICHES

EXERCICES & SUJETS

CORRIGÉS

5 Décrire la structure des atomes

L'atome est la brique élémentaire de la matière : toute substance est composée d'atomes.

RETENIR L'ESSENTIEL

I La description d'un atome

- Un **atome** peut être assimilé à une sphère dont le rayon a pour ordre de grandeur **10^{-10} m**.
- Chaque atome est constitué d'un noyau autour duquel sont localisés des **électrons**.

> **À noter**
> Le **noyau** est 100 000 fois plus petit que l'atome !

Modèle atomique

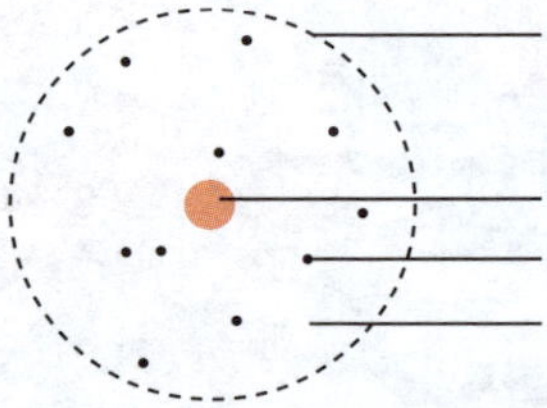

- Un **électron** est une particule portant une **charge électrique négative**. Les électrons sont en mouvement rapide et aléatoire autour du noyau.
- Le noyau a un rayon d'environ **10^{-15} m**. Il contient une ou plusieurs **charges électriques positives**.
- Chaque type d'atome est caractérisé par son **numéro atomique** noté Z, qui est égal au nombre de charges positives présentes dans le noyau.
- Chaque atome est représenté par un **symbole**. Ce symbole est souvent la première lettre du nom de l'atome écrite en majuscule, parfois suivie d'une lettre en minuscule.

Exemple : atome de carbone : C ; atome de fer : Fe.

II Les propriétés de l'atome

1. Structure lacunaire

Entre le noyau et les électrons il n'y a que du vide : l'atome possède une **structure lacunaire** car il est **essentiellement constitué de vide**.

2. Charge électrique de l'atome

Un atome est **électriquement neutre** : il contient autant de charges positives dans son noyau que de charges négatives (les électrons) autour du noyau.

Exemple : l'atome de chlore ($Z = 17$) contient 17 charges positives dans son noyau et 17 électrons.

APPLIQUER LA MÉTHODE

Déterminer la composition d'un atome

L'atome d'oxygène (de symbole chimique O) est un des atomes les plus abondants en masse dans l'Univers. Il possède 8 électrons.
Trouver, parmi les dessins ci-dessous, celui qui représente correctement un atome d'oxygène, sachant qu'un point bleu représente une charge positive et un point rouge représente une charge négative.

Dessin A	Dessin B	Dessin C
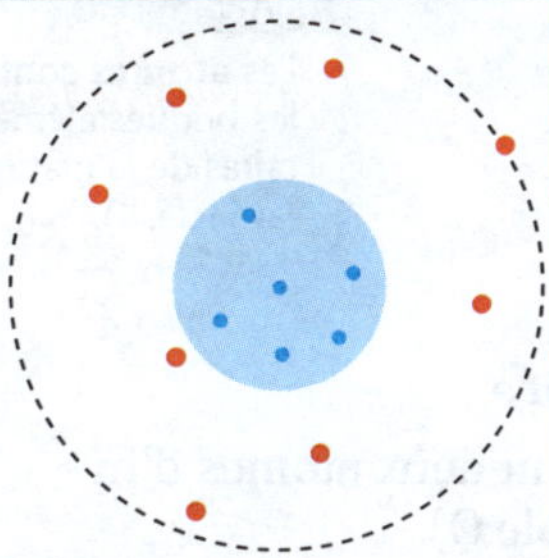	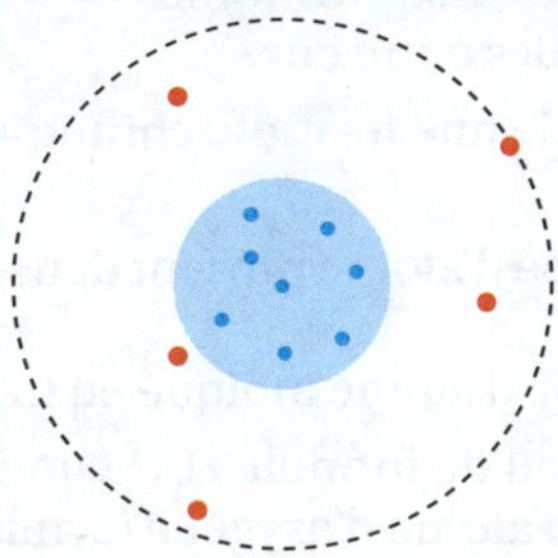	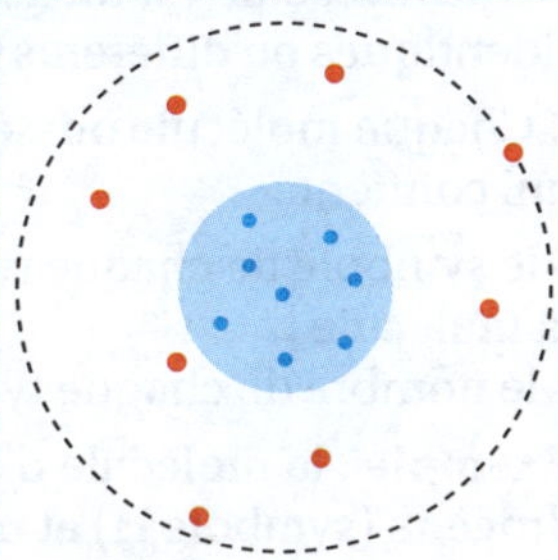

Conseils

Souviens-toi qu'un atome est électriquement neutre : il contient autant de charges positives dans son noyau que de charges négatives autour de celui-ci.

Solution

- Pour déterminer quel dessin représente correctement l'atome d'oxygène, il faut déterminer la composition de son noyau.
- Un atome est électriquement neutre : il contient autant de charges positives dans son noyau que de charges négatives (les électrons) autour du noyau.
- D'après l'énoncé, l'atome d'oxygène contient 8 électrons il contient donc 8 charges positives dans son noyau.
- Le **dessin C** est correct, car c'est le seul qui représente **8 charges positives** (points bleus) dans le noyau de l'atome et **8 charges négatives** (points rouges) autour du noyau.

Pour vérifier que tu as compris
▸ Exercices 1 et 2

Pour t'entraîner
▸ Exercices 3 à 6

Pour préparer le brevet
▸ Exercices 7 à 10

6 Décrire la structure des molécules

La matière sur Terre est essentiellement constituée de molécules qui sont des assemblages d'atomes.

RETENIR L'ESSENTIEL

I Composition et formule chimique d'une molécule

- Une molécule est un **assemblage** d'atomes (identiques ou différents) liés entre eux.

> **Mot-clé**
> Les **atomes** sont les briques élémentaires de la matière (→ **Fiche 5**).

- Chaque molécule possède une **formule chimique** qui contient :

– le symbole de chaque type d'atome présent dans la molécule ;
– le nombre de chaque type d'atome indiqué en indice.

Exemple : la molécule d'eau de formule H_2O contient deux atomes d'hydrogène (symbole H) et un atome d'oxygène (symbole O).

II Modèle moléculaire

- Une molécule est représentée par un modèle moléculaire : c'est un édifice formé avec des boules de couleurs et de diamètres différents, liées entre elles par des tiges représentant les **liaisons**.
Entre deux atomes, les liaisons peuvent être **simples** ou **multiples** (double ou triple).

- Chaque boule représente un atome.
À chaque type d'atome correspond une boule de couleur et de taille différentes.

Type d'atome	Symbole	Modèle
Hydrogène	H	
Oxygène	O	
Carbone	C	

Exemples :
– dioxyde de carbone :  ;
– dioxygène :  ;
– méthane : .

APPLIQUER LA MÉTHODE

Déterminer la composition d'une molécule

Le paclitaxel est une molécule médicamenteuse utilisée pour le traitement de certains cancers (poumons, seins et ovaires).

Sa formule chimique est $C_{47}H_{51}NO_{14}$.

Déterminer la composition de la molécule de paclitaxel.

Atome	Carbone	Hydrogène	Oxygène	Azote	Fluor	Chlore
Symbole	C	H	O	N	F	Cl

Conseils

- Grace à la formule chimique de la molécule, détermine d'abord le type d'atomes présent dans la molécule, puis leur nombre.
- Souviens-toi que les nombres en indice indiquent le nombre d'atomes dont le symbole est écrit juste avant.

Solution

- Le paclitaxel a pour formule chimique $C_{47}H_{51}NO_{14}$.

Il y a quatre symboles chimiques différents dans la formule, la molécule de paclitaxel est donc composée de quatre types d'atomes différents :

- le carbone de symbole C ;
- l'hydrogène de symbole H ;
- l'azote de symbole N ;
- l'oxygène de symbole O.

- Les nombres inscrits en indice des symboles indiquent combien de fois cet atome est présent dans la molécule ; l'absence de nombre à côté du symbole d'un atome indique que la molécule n'en contient qu'un seul :

$$C_{47}H_{51}NO_{14}$$

- La molécule de paclitaxel est composée de :

- 47 atomes de carbone ;
- 51 atomes d'hydrogène ;
- 1 atome d'azote ;
- 14 atomes d'oxygène.

Pour vérifier que tu as compris
▸ Exercices 1 et 2

Pour t'entraîner
▸ Exercices 3 à 6

Pour préparer le brevet
▸ Exercices 7 à 10

7 Décrire la structure des ions et les identifier

De nombreuses solutions utilisées en médecine, dans l'industrie ou pour l'entretien des maisons sont des solutions ioniques. Mais qu'est-ce qu'un ion ?

RETENIR L'ESSENTIEL

I Structure des ions

- Un **cation** est un atome qui a perdu un ou plusieurs électrons : il est donc **chargé positivement**.
- Un **anion** est un atome qui a gagné un ou plusieurs électrons : il est donc **chargé négativement**.

À noter
Un **électron** est une particule ayant une charge électrique négative (→ Fiche 5).

II Formule chimique des ions

La formule chimique d'un ion est construite à partir :
- du **symbole de l'atome** à partir duquel l'ion se forme ;
- du **nombre** et du **signe des charges en excès**, indiqués **en exposant**.

Exemples :

• L'**ion aluminium** s'obtient à partir d'un atome d'aluminium Al (de numéro atomique $Z = 13$) qui a perdu trois électrons. Il contient donc 13 charges positives (car $Z = 13$) et 10 charges négatives (car $13 - 3 = 10$). L'ion possède ainsi un excès de 3 charges positives, d'où sa formule Al^{3+}.

• L'**ion chlorure** s'obtient à partir d'un atome de chlore Cl (de numéro atomique $Z = 17$) qui a gagné un électron. Il contient donc 17 charges positives (car $Z = 17$) et 18 charges négatives (car $17 + 1 = 18$). L'ion possède ainsi un excès de 1 charge négative, d'où sa formule Cl^{-}.

• Il existe des **ions monoatomiques** formés à partir d'un seul atome (H^+, Cl^-, …) et des **ions polyatomiques** formés à partir de plusieurs atomes (HO^-, NH_4^+, …).

III Identification des ions

La présence d'un ion en solution aqueuse peut être identifiée par la formation d'un **précipité** (solide en suspension) lorsqu'on ajoute un réactif approprié.

Ion à identifier	Réactif à ajouter	Précipité formé
Ion chlorure Cl^-	Ion argent Ag^+	Précipité blanc qui noircit à la lumière
Ion cuivre Cu^{2+}	Ion hydroxyde HO^-	Précipité bleu
Ion fer II Fe^{2+}	Ion hydroxyde HO^-	Précipité vert
Ion fer III Fe^{3+}	Ion hydroxyde HO^-	Précipité rouille
Ion zinc Zn^{2+}	Ion hydroxyde HO^-	Précipité blanc

APPLIQUER LA MÉTHODE

Déterminer la composition d'un ion

L'atome de chrome est un des composants essentiels de l'acier inoxydable. Son symbole est Cr et il a pour numéro atomique $Z = 24$; l'ion qui en est issu est l'ion chrome de formule Cr^{3+}.
Déterminer la composition de l'ion chrome.

Conseils

- Détermine d'abord le nombre d'électrons et de charges positives de l'atome. Souviens-toi que le noyau d'un ion et celui de l'atome dont il est issu sont identiques.
- Détermine ensuite si l'ion est un atome qui a perdu ou gagné des électrons en observant le signe de l'exposant.
- Détermine enfin le nombre d'électrons de l'ion.

Solution

- Il est indiqué que le numéro atomique de l'atome est $Z = 24$, l'atome de chrome contient donc 24 charges positives.

Comme un atome est électriquement neutre, il contient autant de charges positives que de charges négatives, donc l'atome de chrome contient **24 électrons**.
Comme les noyaux de l'atome et de l'ion d'un même élément sont identiques, on en déduit que l'ion chrome possède **24 charges positives**.

- La formule de l'ion chrome indique que l'ion contient 3 charges positives de plus que le nombre de charges négatives.

Comme le nombre de charges positives reste toujours le même, c'est le nombre d'électrons qui a changé : **l'atome a donc perdu 3 électrons** pour former l'ion.

- L'atome possède 24 électrons, l'ion chrome en possède 21 (24 – 3 = 21).

L'ion chrome de formule Cr^{3+} est constitué de **24 charges positives et de 21 charges négatives**.

Pour vérifier que tu as compris ▸ Exercices 1 et 2

Pour t'entraîner ▸ Exercices 3 à 6

Pour préparer le brevet ▸ Exercices 7 à 10

8 Distinguer les solutions acides et les solutions basiques

Parmi les solutions ioniques, il existe des solutions acides et basiques. Elles contiennent des ions particuliers : les ions hydrogène (H^+) et les ions hydroxydes (HO^-).

RETENIR L'ESSENTIEL

I Mesure du pH

- Pour déterminer le caractère acide ou basique d'une solution, il faut mesurer son **pH (potentiel hydrogène)**.
- Le pH d'une solution aqueuse est un nombre compris **entre 0 et 14**, sans unité. Il est relié à la concentration en ions hydrogène H^+ et en ions hydroxydes HO^- dans une solution.
- Le pH d'une solution aqueuse s'estime à l'aide de **papier pH** ou d'un **indicateur coloré**, et se mesure à l'aide d'un **pH-mètre**.

II Acidité et basicité

- Une solution est **acide** lorsque son **pH est inférieur à 7** : elle contient alors plus d'ions H^+ que d'ions HO^-. Plus le pH est proche de 0, plus la solution est acide, plus elle contient d'ions hydrogène H^+.
- Une solution est **basique** lorsque son **pH est supérieur à 7** : elle contient alors moins d'ions H^+ que d'ions HO^-. Plus le pH est proche de 14, plus la solution est basique, plus elle contient d'ions hydroxydes HO^-.
- Une solution est **neutre** lorsque son **pH est égal à 7** : elle contient alors autant d'ions hydrogène H^+ que d'ions hydroxydes HO^-.

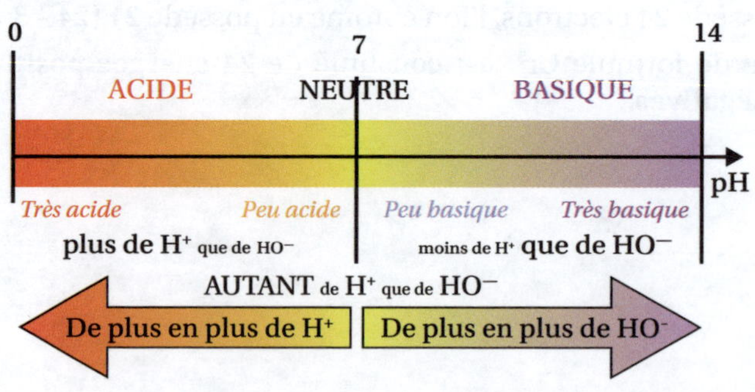

APPLIQUER LA MÉTHODE

Déterminer le caractère acide ou basique d'une solution

Document **Mesurer un pH à l'aide d'un papier pH**

1. Introduire dans un tube à essai quelques millilitres de la solution dont on veut déterminer le pH.
2. Découper un petit morceau de papier pH et le poser dans une coupelle propre.
3. Déposer, à l'aide d'un agitateur en verre trempé dans la solution étudiée, une goutte de cette solution sur le papier pH.
4. Comparer la nouvelle teinte du morceau de papier pH à l'échelle des teintes fournie avec le papier pH et en déduire le pH de la solution.

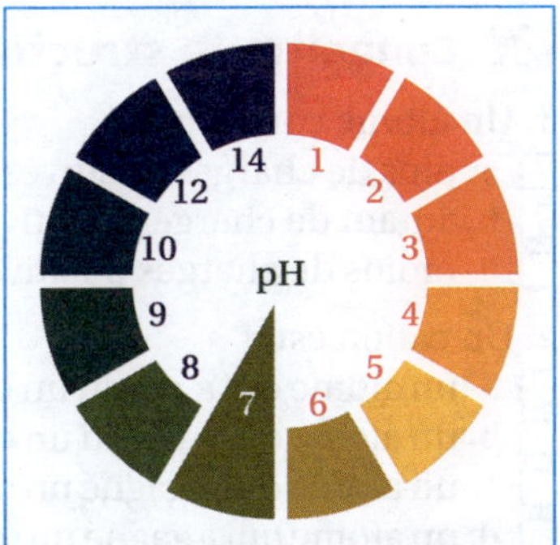

Échelle de teinte du papier pH

On veut mesurer le pH d'une solution de déboucheur de canalisations. Pour cela, d'après le protocole précédent, on introduit quelques millilitres d'une solution de déboucheur dans un tube à essais.

À l'aide d'un agitateur en verre, on imbibe un morceau de papier pH de la solution. On obtient le résultat suivant : 

D'après le protocole de mesure décrit dans le document, la solution de déboucheur de canalisations est-elle acide, basique ou neutre ?

Conseils

- Compare la couleur du papier pH à l'échelle de teinte pour déterminer le pH.
- Souviens-toi qu'une solution acide a un pH inférieur à 7, une solution neutre un pH égal à 7 et une solution basique a un pH supérieur à 7.

Solution

- En comparant l'échelle de teinte et le papier pH imbibé de la solution de déboucheur de canalisations, on peut dire que la solution de déboucheur de canalisations a un **pH de 12**.
- Sachant qu'une solution dont le pH est supérieur à 7 est basique, nous pouvons en déduire que la solution de déboucheur de canalisations est une **solution basique**.

Pour vérifier que tu as compris ▸ Exercices 1 et 2

Pour t'entraîner ▸ Exercices 3 à 6

Pour préparer le brevet ▸ Exercices 7 à 10

Se tester QUIZ

Vérifie que tu as bien compris les points clés des **fiches 5 à 8.**

Pour chaque question, vérifie ta réponse à l'aide du corrigé et consulte les fiches de cours si nécessaire.

1 Connaître la structure de la matière

→ RÉVISE LES FICHES 5 ET 7

1. Un atome contient :
- ☐ **a.** plus de charges positives que d'électrons
- ☐ **b.** autant de charges positives que d'électrons
- ☐ **c.** moins de charges positives que d'électrons

2. Un cation est :
- ☐ **a.** un atome qui a perdu un ou plusieurs électrons, il est chargé positivement
- ☐ **b.** un atome qui a perdu un ou plusieurs électrons, il est chargé négativement
- ☐ **c.** un atome qui a gagné un ou plusieurs électrons, il est chargé positivement
- ☐ **d.** un atome qui a gagné un ou plusieurs électrons, il est chargé négativement

2 Solutions acides et basiques

→ RÉVISE LA FICHE 8

1. Une solution basique contient :
- ☐ **a.** plus d'ions H^+ que d'ions HO^-
- ☐ **b.** autant d'ions H^+ que d'ions HO^-
- ☐ **c.** moins d'ions H^+ que d'ions HO^-

2. Une solution acide a un pH :
- ☐ **a.** supérieur à 7
- ☐ **b.** inférieur à 7
- ☐ **c.** égal à 7

S'entraîner

Vérifie que tu sais appliquer les méthodes des **fiches 5 à 8.**

Pour chaque exercice, consulte la méthode indiquée et compare ta réponse à celle donnée dans le corrigé.

3 Le sélénium

→ APPLIQUE LA MÉTHODE DES FICHES 5 ET 7

Le sélénium est un élément chimique indispensable à l'organisme humain, mais doit être consommé en petites quantités sinon il devient toxique.
Il est présent à l'état de traces dans les aliments. La teneur en sélénium des graines et des légumes dépend directement de la composition des sols où ils sont cultivés. La noix du Brésil est l'aliment le plus riche en sélénium.
L'atome de sélénium a pour symbole Se et pour numéro atomique $Z = 34$.

1. Combien contient-il de charges positives ? Justifier la réponse.
2. Combien contient-il d'électrons ? Justifier la réponse.

L'ion sélénium a pour formule Se^{2-}.

3. Donner la définition d'un ion.
4. L'ion sélénium est-il un anion ou un cation ? Justifier.
5. Combien de charges positives contient le noyau de l'ion sélénium ? Justifier.
6. Combien d'électrons possède-t-il ? Justifier.
7. Faire un schéma légendé de l'ion sélénium.

4 Vrais et faux sucres

→ APPLIQUE LA MÉTHODE DE LA FICHE 6

Dans le commerce comme dans l'alimentation, on trouve de nombreuses sortes de sucres. Il y a les « vrais » sucres (glucose, fructose...) et les « faux » sucres ou édulcorants (aspartame, stévia, xylitol...).
L'aspartame a pour formule brute $C_6H_{18}N_2O_5$.
Le xylitol a le modèle moléculaire ci-contre.

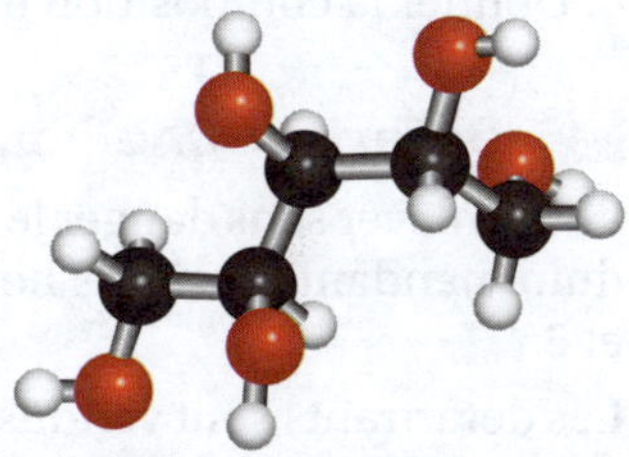

1. Détailler la composition de l'aspartame.
2. Donner la composition et la formule chimique du xylitol (utiliser le tableau de la fiche 6).

Données :

Atome	Carbone	Hydrogène	Oxygène	Azote
Symbole chimique	C	H	O	N

5 Se protéger des bactéries à l'hôpital

→ APPLIQUE LA MÉTHODE DES FICHES 5, 6 ET 8

Bactéries, virus et champignons sont présents dans les établissements de santé et les lieux publics. Pour limiter la prolifération des bactéries et leur diffusion, les hôpitaux ont mis en place des mesures efficaces.

- Utilisation de désinfectants pour les matières inertes (sol, surface de travail, mobilier, instruments et matériel médical) : les hôpitaux utilisent souvent du Surfanios, il s'agit d'une solution contenant entre autre de l'alkylamine de formule chimique $C_{18}H_{41}N_3$. Le pH de la solution pure des Surfanios est de 12,5, il doit donc être dilué avant d'être utilisé.
- Utilisation d'antiseptiques pour les tissus vivants (peau saine, muqueuses et plaies) : toutes les pièces accueillant du public et du personnel sont équipées de flacons d'aseptisants cutanés (solutions hydro-alcooliques). Les personnes entrant dans les pièces se frictionnent les mains avec cette solution afin de tuer toutes les bactéries et autres champignons éventuellement présents sur leurs mains. Les propriétés aseptisantes de ces solutions sont dues

à différents principes actifs dont l'alcool isopropylique. L'alcool isopropylique est composé de 3 atomes de carbone, 8 atomes d'hydrogène et de 1 atome d'oxygène.

- Installation de poignées de porte, de robinets et d'interrupteurs en cuivre : le cuivre est connu depuis l'antiquité pour ses propriétés antibactériennes ; il élimine naturellement toutes les bactéries qui s'y déposent. Le cuivre est un atome de symbole Cu, son numéro atomique est $Z = 29$.

1. Donner la composition de l'alkylamine (utiliser le tableau de l'exercice précédent).

2. Le Surfanios pur est-il acide, neutre ou basique ?

3. Donner la formule chimique de l'alcool isopropylique.

4. Donner la composition de l'atome de cuivre.

6 Détartrer une bouilloire

→ APPLIQUE LA MÉTHODE DE LA FICHE 8

Pour enlever sans danger le calcaire contenu dans une bouilloire, il faut introduire pendant plusieurs heures une solution dont le pH est compris entre 4 et 6.

Les détartrants sont vendus sous forme de poudre qu'il faut diluer pour pouvoir les utiliser.

1. Après avoir préparé la solution de détartrant, comment faut-il procéder pour vérifier que le pH de la solution est correct ?

2. La solution obtenue contient-elle plus d'ions hydrogène ou d'ions hydroxyde ? Justifier.

Vers le brevet

Exerce-toi en vue du brevet et révise les **fiches 5 à 8.**

Pour chaque sujet, aide-toi des conseils donnés et compare ta réponse à celle donnée dans le corrigé.

SUJET TYPE

7 Un limonade s'il vous plait !

10 min

→ APPLIQUE LA MÉTHODE DES FICHES 6 ET 8

Lili commande dans un bar une limonade. Il s'agit d'une boisson composée d'eau, de sucre et de jus de citron. Le sucre présent dans la limonade est le saccharose de formule $C_{12}H_{22}O_{11}$. Le jus de citron est connu pour rendre acide les solutions qui le contiennent.

1. Indique le nom et le nombre de chaque type d'atome qui constitue le saccharose.

2. Dans quel intervalle de pH se situe le pH de la limonade ?

3. Entre les ions hydroxydes et hydrogène, quels sont ceux qui sont majoritaires dans la limonade ?

Démarrons ensemble

Le nombre noté en indice après le symbole d'un atome indique combien de fois l'atome est présent dans la molécule.

TYPE 8 — 20 min

Fonctionnement d'une pile électrique

→ APPLIQUE LA MÉTHODE DES FICHES 5 ET 7

Dans une pile électrochimique, des atomes de fer (symbole Fe, $Z = 26$) perdent chacun deux électrons qui vont permettre de constituer un courant électrique.

1. Quel est le nombre de charges positives contenues dans le noyau d'un atome de fer et le nombre d'électrons autour du noyau ?
2. Trouver la formule de l'ion obtenu à partir de l'atome de fer. S'agit-il d'un anion ou d'un cation ?
3. La pile est composée de deux compartiments : le premier contient une solution aqueuse avec des ions inconnus et le second contient des ions fer II Fe^{2+}. On ajoute des ions hydroxydes HO^- dans chaque compartiment et il se forme un précipité bleu dans le premier compartiment.

a. Identifier l'ion inconnu dans le premier compartiment.

b. Que se passe-t-il dans le second compartiment ?

Démarrons ensemble

1. Un atome est électriquement neutre : il contient autant de charges positives que d'électrons.
2. Pour la formule chimique d'un ion, on indique en exposant après le symbole de l'atome le nombre d'électrons en excès ou en défaut par rapport au nombre de charges positives.
3. Utilise les tests d'identification des ions de la fiche 7.

TYPE 9 — 20 min

Le fer dans les eaux des fontaines de Paris

→ APPLIQUE LA MÉTHODE DES FICHES 5 À 7

À Paris, trois fontaines proposent aux passants une eau issue de la nappe d'eau d'Albien (nappe sous-terraine située sous le bassin parisien à une profondeur moyenne de l'ordre de 600 m). Cette eau est très riche en fer (sous forme d'ions fer II). Les fontaines qui distribuent cette eau sont équipées d'un système qui régule la quantité de fer afin de rendre l'eau propre à la consommation.

Document 1 Composition de l'eau d'Albien et de l'eau du robinet de Paris

Composition ionique	En mg/L dans l'eau de l'Albien (puits)	En mg/L dans l'eau de Paris (robinet)
Ca^{2+}	50	90
Mg^{2+}	5	6
Na^{2+}	10	10
$SO_4{}^{2-}$	25	30
Fe^{2+}	0,75	0
NO_{3-}	< 2	29
Cl^-	6	20

Document 2 Le fer et la santé

« Le fer est un élément chimique, de symbole Fe et de numéro atomique 26. Il forme deux ions : l'ion fer II (Fe^{2+}) et l'ion fer III (Fe^{3+}).
Le fer est indispensable au corps humain, mais dans des doses précises : une carence en fer est source d'anémie et un excès de fer est également nocif pour la santé (il pourrait être impliqué dans la dégénérescence des neurones chez les patients atteints de la maladie de Parkinson).

1. Quelle est la composition de l'atome de fer ?
2. Quel est le numéro atomique des ions fer II et III ?
3. Comment l'ion fer II est-il obtenu à partir de l'atome de fer ?
4. Combien d'électrons l'ion fer III contient-il ?
5. Afin de vérifier la composition de l'eau d'une des fontaines, un technicien du laboratoire d'Eau de Paris introduit dans deux tubes à essais quelques millilitres d'eau d'Albien.
Dans le premier tube à essai, il ajoute quelques gouttes d'hydroxyde de sodium et observe l'apparition d'un précipité vert.
Dans le second, il verse quelques gouttes de nitrate d'argent et observe l'apparition d'un précipité blanc qui noircit à la lumière.
Quels ions de l'eau d'Albien ont été mis en évidence par le laborantin ?
6. Si le laborantin fait les mêmes tests pour l'eau du robinet de Paris qu'observera-t-il pour chacun des tubes à essais ?
7. Le pH de l'eau d'Albien est égal à 8. De quel(s) ion(s) peut-on déduire la présence dans l'eau d'Albien grâce à cette information ?

Démarrons ensemble

1. Utilise l'électroneutralité de l'atome et le numéro atomique du fer.
2. Souviens-toi que le nombre de charges positives dans le noyau d'un élément reste le même quelle que soit sa forme (atome ou ion).
3. et **4.** Utilise la charge de l'ion (indiquée en exposant dans la formule chimique) et le nombre d'électrons de l'atome.
5. Sers-toi du document 2 et des observations du laborantin décrites dans l'énoncé.
6. Sers-toi des documents 1 et 2.
7. Souviens-toi que le caractère acide ou basique d'une solution est dû à la présence d'ions hydrogène H^+ et hydroxyde HO^- dans des proportions différentes en fonction de la valeur du pH.

TYPE

10 Nettoyants ménagers

20 min

→ APPLIQUE LA MÉTHODE DES FICHES 6 ET 8

Tous les ans en France, on compte près de 12 000 décès liés aux accidents domestiques, soit quatre fois plus que les accidents de la route. Les produits d'entretien ménagers peuvent parfois en être la cause. En effet, certains produits d'entretien sont très dangereux pour la santé.

Document 1 Dangerosité des produits ménagers

« La plupart des produits ménagers sont des produits acides ou basiques concentrés, ils ne sont pas dangereux à condition d'être stockés et manipulés correctement.

Par contre une mauvaise utilisation de ces produits présente un danger pour l'environnement et pour les utilisateurs (brûlures de la peau et des yeux, empoisonnements etc.).

Tous les flacons contenants des produits chimiques présentent une étiquette contenant des symboles (appelés pictogrammes) et des avertissements qui indiquent comment utiliser le produit sans danger.

Document 2 Étiquetage des produits chimiques

Les pictogrammes placés sur les étiquettes des produits chimiques permettent l'identification de leur dangerosité en fonction de leurs propriétés chimiques, de leurs effets sur la santé et sur l'environnement.

Document 3 Informations sur l'étiquette d'un détartrant pour WC

Aspect : liquide transparent
Couleur : vert
Densité : 1,1 kg/L
Composant majoritaire : acide chlorhydrique de formule HCl
pH : 0,5

Document 4 Effet de la dilution sur le pH d'une solution

« Lorsqu'on dilue une solution aqueuse, on y ajoute beaucoup d'eau pure. Ainsi, le pH de cette solution se rapproche de celui de l'eau pure sans jamais l'atteindre. L'eau pure est neutre donc lorsqu'on dilue une solution, son pH se rapproche toujours de 7.

1. Quels risques encoure-t-on si on utilise un acide ou une base concentrée sans respecter les précautions d'emploi ?

2. À quoi doit-on se référer pour connaître les risques présentés par un produit chimique et savoir comment le manipuler en toute sécurité ?

3. Quelles précautions d'emploi faut-il respecter lorsqu'on manipule du détartrant pour WC ?

4. Le détartrant pour WC est-il acide ou basique ?

5. Contient-il davantage d'ions hydroxyde ou d'ions hydrogène ?

On dilue un échantillon de détartrant pour WC.

6. Comment varie le pH de la solution au fur et à mesure qu'on la dilue ?

7. Donner un intervalle pour le pH de la solution de détartrant pour WC diluée.

Démarrons ensemble

1. à **4.** Utilise les documents 1 à 3.
6. et **7.** Sers-toi du document 4.
Souviens-toi qu'une solution acide contient plus d'ions hydrogène H^+ que d'ions hydroxyde HO^-, qu'une solution basique contient moins d'ions hydrogène que d'ions hydroxyde et qu'une solution neutre contient autant d'ions hydrogène que d'ions hydroxyde.

Se tester QUIZ

1 **1. Réponse b.**
2. Réponse a.

2 **1. Réponse c.**
2. Réponse b.

S'entraîner

3 **1.** L'atome de sélénium a un numéro atomique égal à 34, il contient donc **34 charges positives** dans son noyau.

2. Un atome est électriquement neutre, il contient donc autant de charges positives dans le noyau, que de charges négatives (électrons) autour du noyau. L'atome de sélénium contient donc **34 électrons**.

3. Un ion est un atome qui a perdu ou gagné un ou plusieurs électrons ; c'est une particule électriquement chargée car elle ne contient pas le même nombre de charges positives que de charges négatives.

4. L'ion sélénium est un **anion**, car il est chargé négativement.

5. Entre un ion et l'atome dont il est issu, il n'y a pas de différence dans le noyau, donc l'ion sélénium contient **34 charges** positives dans son noyau comme l'atome sélénium.

6. L'ion sélénium porte la charge « 2 – », cela signifie qu'il a deux charges négatives de plus que le nombre de charges positives. L'atome de sélénium contient donc 34 + 2 = **36 électrons**.

7. Schéma de l'ion sélénium

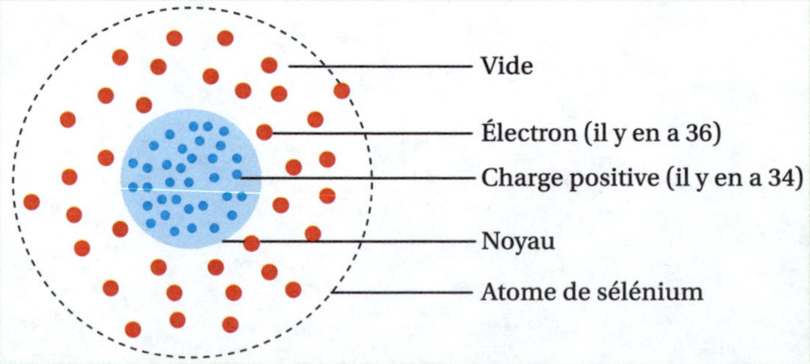

Attention !
Tu dois faire attention de représenter le bon nombre de charges positives dans le noyau et le bon nombre d'électrons.

4 **1.** L'aspartame a pour formule brute $C_6H_{18}N_2O_5$, elle est donc constitué de :
- 6 atomes de carbone ;
- 18 atomes d'hydrogène ;
- 2 atomes d'azote ;
- 5 atomes d'oxygène.

2. D'après le dessin, le xylitol est constitué de :

- 5 atomes de carbone ;
- 12 atomes d'hydrogène ;
- 5 atomes d'oxygène.

Sa formule chimique est donc $\mathbf{C_5H_{12}O_5}$.

Méthode
Tu dois utiliser le tableau du paragraphe II de la fiche 6.

5 1. D'après l'énoncé, l'alkylamine a pour formule chimique $C_{18}H_{41}N_3$, il est composé de :

- 18 atomes de carbone ;
- 41 atomes d'hydrogène ;
- 3 atomes d'azote.

2. D'après l'énoncé le Surfanios pur a un pH de 12,5, c'est donc une **solution basique** (pH > 7).

3. L'alcool isopropylique est composé de 3 atomes de carbone, 8 atomes d'hydrogène et de 1 atome d'oxygène, sa formule brute est donc $\mathbf{C_3H_8O}$.

4. L'atome de cuivre a un numéro atomique égal à 29, il contient donc **29 charges positives** dans son noyau. Un atome étant électriquement neutre, il contient autant de charges positives dans le noyau, que de charges négatives (électrons) autour du noyau.
L'atome de cuivre contient donc **29 électrons**.

6 1. Pour déterminer le pH de la solution obtenue, il faut :
– prélever dans un tube à essai quelques millilitres de la solution dont on veut déterminer le pH ;
– découper un petit morceau de papier pH ;
– déposer, à l'aide d'un agitateur en verre trempé dans la solution étudiée, une goutte de cette solution sur le papier pH ;
– observer la teinte qui apparaît et la comparer avec l'échelle des teintes fournie avec le papier pH, en déduire le pH de la solution.

2. La solution obtenue a un pH compris entre 4 et 6, elle est acide : elle contient donc **davantage d'ions hydrogène que d'ions hydroxyde**.

Vers le brevet

7 1. La molécule de saccharose est constituée de **12** atomes de **carbone**, 22 atomes d'**hydrogène** et de **11** atomes d'**oxygène**.

2. La limonade étant acide à cause du jus de citron, son pH est **inférieur à 7**.

3. Le pH étant inférieur à 7, ce sont les **ions hydrogène** $\mathbf{H^+}$ qui sont majoritaires.

À noter
Solution acide : pH < 7 ; solution neutre : pH = 7 ; solution basique : pH > 7.

8 **1.** Le numéro atomique $Z = 26$ indique le nombre de charges positives dans le noyau. L'atome étant électriquement neutre, il possède autant d'électrons que de charges positives : il y a donc **26 électrons**.

2. La formule de l'ion fer II est Fe^{2+}. Il s'agit d'un **cation** car il est chargé positivement.

3. a. Le premier compartiment contient des **ions cuivre** Cu^{2+}.
b. Il se forme un précipité de couleur **verte**.

À noter
Revois la fiche 7 pour connaître les tests d'identification des ions.

9 **1.** L'atome de fer a un numéro atomique égal à 26, il contient donc **26 charges positives** dans son noyau. Un atome étant électriquement neutre, il contient autant de charges positives dans le noyau, que de charges négatives (électrons) autour du noyau. L'atome de fer contient donc **26 électrons**.

2. Entre un ion et l'atome dont il est issu, il n'y a pas de différence dans le noyau, les ions fer II et fer III ont donc le même numéro atomique que l'atome de fer : **Z = 26**.

3. L'ion fer II porte la charge « 2 + », cela signifie qu'il a deux charges positives de plus que le nombre de charges négatives : il y a deux électrons de moins dans l'ion fer II que dans l'atome de fer. L'ion fer II est un atome de fer qui a perdu deux électrons.

4. L'ion fer III porte la charge « 3 + », cela signifie cela signifie qu'il a trois charges positives de plus que le nombre de charges négatives. Comme le nombre de charges positives ne change pas c'est le nombre d'électrons qui a été modifié : il y a trois électrons de moins dans l'ion fer III que dans l'atome de fer. L'ion fer III contient donc 26 – 3 = **23 électrons**.

Rappel
C'est la **charge de l'ion** qui indique si il y a eu perte ou gain d'électrons par rapport à l'atome. Lorsque la charge de l'ion est positive, il y a eu perte d'électrons. Lorsque la charge l'ion est négative, il y a eu gain d'électrons.

Rappel
Un **anion** a plus d'électrons que de charges positives. Un **cation** a moins d'électrons que de charges positives. La différence est indiquée par le nombre en exposant.

5. ▪ D'après l'énoncé, lorsqu'on ajoute quelques gouttes d'hydroxyde de sodium et on observe l'apparition d'un précipité vert : on peut en déduire que la solution contient des ions fer II (Fe^{2+}).

▪ Lorsqu'on ajoute quelques gouttes de nitrate d'argent, on observe l'apparition d'un précipité blanc qui noircit à la lumière : on en déduit que la solution contient des ions chlorure (Cl^-).

L'eau d'Albien contient donc des **ions fer II** et des **ions chlorure**.

6. D'après le document 1, l'eau de Paris contient des ions chlorure mais pas d'ions fer II, donc en faisant les mêmes expériences que pour l'eau d'Albien, le laborantin n'aurait pas obtenu de précipité vert foncé dans premier tube **(absence d'ions fer II)**, mais aurait bien obtenu un précipité blanc photosensible dans le deuxième tube **(présence d'ions chlorure)**.

> **Méthode**
> Lorsque l'ion recherché n'est pas présent dans la solution le test d'identification est négatif : on n'observe pas le précipité attendu.

7. L'eau d'Albien a un pH ≠ 7, elle contient en plus des ions listés dans le document 1, des ions hydroxyde et des ions hydrogène. Comme la solution est basique (pH = 8), l'eau d'Albien contient **plus d'ions hydroxyde que d'ions hydrogène**.

10 **1.** D'après le document 1, la mauvaise manipulation de solutions acides ou basiques concentrées peut entrainer entre autres des **brûlures** (de la peau et des yeux), des **empoisonnements** et peut être **dangereuse pour l'environnement**.

2. Pour connaître les précautions d'emploi des produits chimiques, il faut consulter l'étiquette et regarder les **pictogrammes** représentés.

3. D'après les pictogrammes, le détartrant pour WC est corrosif et nocif ou irritant, il faut donc le **manipuler avec précautions**, porter des **gants**, si possible une **blouse** et des **lunettes** et ne pas le respirer.

4. Le détartrant pour WC a un pH de 0,5 (document 3), il est donc **acide** (pH < 7).

5. Comme toutes solutions acides, il contient **davantage d'ions hydrogène que d'ions hydroxyde**.

6. Lorsqu'on dilue la solution, son pH se rapproche de 7.

7. Pour le détartrant pour WC, on a **0,5 < pH < 7**.

> **Attention !**
> Lorsqu'on dilue une solution, son pH se rapproche de 7 sans jamais atteindre cette valeur.

ORGANISATION ET TRANSFORMATIONS DE LA MATIÈRE

Transformations chimiques

FICHES

EXERCICES & SUJETS

CORRIGÉS

9 Identifier une transformation chimique

Il est important de ne pas confondre mélange, transformation physique et transformation chimique. Les deux premiers ne modifient ni les atomes ni les molécules, alors qu'une transformation chimique les modifie.

RETENIR L'ESSENTIEL

I Reconnaître une transformation chimique

- Les changements d'état, la dissolution ou la dilution sont des **transformations physiques**. Les substances chimiques mises en jeu ne sont pas modifiées.

Exemple : la fusion de la glace (eau solide) produit de l'eau liquide.

- Au cours d'une **transformation chimique**, des substances chimiques initialement présentes disparaissent et forment de nouvelles substances chimiques.

Exemple : la combustion du charbon dans l'air est une transformation chimique car le carbone du charbon et le dioxygène de l'air disparaissent pour former du dioxyde de carbone.

- Une transformation chimique entraîne souvent des **changements visibles** (dégagement gazeux, changement de couleur ou de température, formation de précipité, variation du pH…).

II Interpréter une transformation chimique

- Au cours d'une transformation chimique, des espèces chimiques réagissent entre elles (les **réactifs**) et de nouvelles espèces chimiques sont formées (les **produits**).

- Les molécules des **réactifs disparaissent** et leurs atomes s'associent différemment pour former les **nouvelles molécules des produits**.

Mots-clés
Les **molécules** sont des assemblages d'**atomes** (→ Fiche 6).

Exemple : une molécule de méthane CH_4 réagit avec deux molécules de dioxygène O_2 pour former une molécule de dioxyde de carbone CO_2 et deux molécules d'eau H_2O.

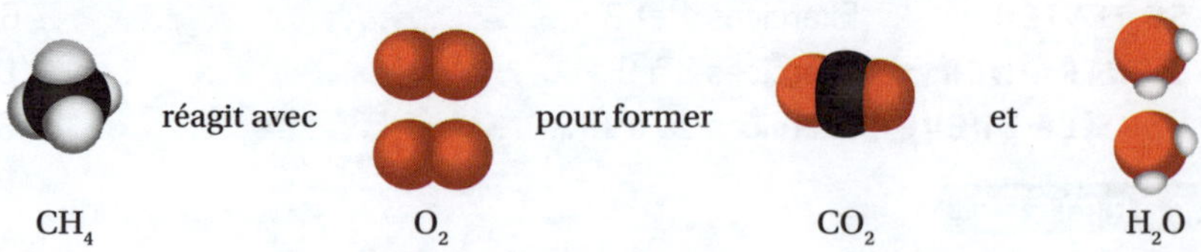

APPLIQUER LA MÉTHODE

Savoir distinguer transformations physiques et chimiques

Une bougie est constituée d'une mèche placée dans un bâton de cire. Dès qu'on l'allume, une réaction en chaîne se produit :
– lorsqu'on allume la bougie, la chaleur dégagée fait fondre la cire à proximité de la flamme ;
– la cire liquide va alors grimper le long de la mèche par un phénomène appelé capillarité : elle est absorbée par la mèche, l'imbibe et remonte le long de la mèche jusqu'à la flamme (c'est le même processus que celui de la sève des arbres) ;
– arrivée à la flamme, la cire brûle dans le dioxygène de l'air, et entretient la flamme par la chaleur libérée ; une fumée noire de carbone se dégage ;
– comme de la cire a été consommée, la mèche en absorbe davantage ce qui alimente la flamme.

Ainsi de suite jusqu'à ce que toute la cire ait été brulée.

Identifier dans le texte une transformation chimique et une transformation physique.

Conseils

- Identifie les transformations qui ont lieu.
- Pour chacune, repère s'il y a modification de l'état physique des espèces chimiques ou de la nature des espèces chimiques.

Solution

- Lorsque la cire, sous l'action de la chaleur, passe de l'état solide à l'état liquide il s'agit d'une **transformation physique**, c'est un changement d'état : la **fusion** de la cire.
- Lorsque la cire brûle et forme (entre autre) de la fumée noire, la cire est consommée pour former de nouvelles espèces chimique, il s'agit d'une **transformation chimique** : c'est une **combustion**.

Pour vérifier que tu as compris ▸ Exercices 1 et 2
Pour t'entraîner ▸ Exercices 3 à 9
Pour préparer le brevet ▸ Exercices 10 à 13

10 Modéliser une transformation chimique

Une transformation chimique peut être modélisée par l'écriture d'une équation de réaction chimique qui nous renseigne sur les réactifs mis en jeu et les produits formés.

RETENIR L'ESSENTIEL

I Écrire une équation de réaction chimique

- Une transformation chimique correspond à la réaction entre des espèces chimiques. L'écriture d'une réaction chimique s'appelle une **équation de réaction chimique**. Les réactifs et les produits y sont représentés par leurs formules chimiques avec les réactifs à gauche d'une flèche et les produits à droite :

$$\text{réactif}_1 + \text{réactif}_2 \rightarrow \text{produit}_1 + \text{produit}_2$$

Exemple : écriture de l'équation de la réaction entre le méthane CH_4 et le dioxygène O_2 pour former du dioxyde de carbone CO_2 et de l'eau H_2O :

$$CH_{4\,(g)} + \mathbf{2}\ O_{2\,(g)} \rightarrow CO_{2\,(g)} + \mathbf{2}\ H_2O_{(l)}$$

- Les nombres qui précèdent les formules chimiques sont appelés coefficients stœchiométriques. Ils indiquent dans quelles proportions les réactifs sont consommés et les produits formés.

Exemple : $C_3H_{8\,(g)} + \mathbf{5}\ O_{2\,(g)} \rightarrow \mathbf{3}\ CO_{2\,(g)} + \mathbf{4}\ H_2O_{(l)}$

Une molécule de propane réagit avec **cinq** molécules de dioxygène pour former **trois** molécules de dioxyde de carbone et **quatre** molécules d'eau.

> **À noter**
> Lorsque le coefficient est égal à 1, il n'est pas indiqué devant la formule de l'espèce chimique.

- Les lettres entre parenthèses et en indice à la suite des formules indiquent sous quel état se trouvent les espèces chimiques au cours de la réaction : **(s)** pour **solide**, **(l)** pour **liquide** et **(g)** pour **gaz**.

II Conservation de la masse au cours d'une transformation chimique

- Au cours d'une transformation chimique, les mêmes atomes figurent en même nombre dans les réactifs et dans les produits : il y a **conservation des atomes**.
- Au cours d'une transformation chimique, la masse des produits formés est égale à la masse des réactifs mis en jeu : **la masse se conserve** car le nombre et la nature des atomes ne changent pas.

APPLIQUER LA MÉTHODE

Vérifier si une équation de réaction est correcte

En classe, Jean a étudié la combustion complète du méthane.
Il a vu que, lors de cette transformation chimique, le méthane (CH_4) réagit avec le dioxygène (O_2) pour former du dioxyde de carbone (CO_2) et de l'eau (H_2O). Il en a déduit l'équation de réaction suivante :

$$CH_4 + 3\,O_2 \rightarrow CO_2 + 2\,H_2O$$

Déterminer si l'équation écrite par Jean est correcte.

Conseils

- Souviens-toi que le nombre indiqué devant une formule chimique correspond au nombre de molécules consommées ou formées lors de la transformation chimique.
- Identifie les réactifs (espèces chimiques présentes à l'état initial) et les produits (espèces présentes à l'état final).
- Vérifie qu'il y a conservation de la matière : tous les atomes présents avant la transformation doivent l'être également après la transformation.

Solution

- D'après l'équation écrite par Jean, une seule molécule de méthane a réagi. Comme une molécule de méthane est constituée d'un atome de carbone et de quatre atomes d'hydrogène nous avons 1 C + 4 H.
- Trois molécules de dioxygène ont réagi. Comme une molécule de dioxygène est constituée de deux atomes d'oxygène, nous avons (3×2) O = 6 O.
- Une seule molécule de dioxyde de carbone a été formée. Comme une molécule de dioxyde de carbone est constituée d'un atome de carbone et de deux atomes d'oxygène, nous avons 1 C + 2 O.
- Deux molécules d'eau ont été formées. Comme une molécule d'eau contient deux atomes d'hydrogène et un atome d'oxygène, nous avons 2×2 = 4 H et 2×1O = 2 O.

Réactifs	Produits
1 C	1 C
4 H	4 H
6 O	2 O + 2 O = 4 O

On remarque qu'il n'y a pas le même nombre d'atomes d'oxygène avant et après la transformation : Jean s'est trompé en écrivant l'équation de la réaction. Il aurait dû écrire :

$$CH_4 + 2\,O_2 \rightarrow CO_2 + 2\,H_2O$$

Pour vérifier que tu as compris ▸ Exercices 1 et 2
Pour t'entraîner ▸ Exercices 3 à 9
Pour préparer le brevet ▸ Exercices 10 à 13

11 Étudier les réactions entre les solutions acides et basiques

Que se passe-t-il lorsqu'une solution basique et une solution acide sont mises en contact ?

RETENIR L'ESSENTIEL

I Les réactions acido-basiques

- Les solutions acides contiennent majoritairement des ions hydrogène H^+, alors que les solutions basiques contiennent majoritairement des ions hydroxydes HO^-.
- Lorsqu'on mélange une solution acide avec une solution basique, les ions hydrogène (acide) vont réagir avec les ions hydroxydes (basiques) pour former des molécules d'eau :

$$H^+_{(aq)} + HO^-_{(aq)} \rightarrow H_2O_{(l)}$$

À noter
L'**acidité** et la **basicité** d'une solution sont traitées dans la fiche 8.

L'équation de la réaction chimique nous indique qu'un ion hydrogène réagit avec un ion hydroxyde pour former une molécule d'eau.

- L'indication **(aq) en indice** après les formules des ions signifie que ces ions se trouvent en solution aqueuse, c'est-à-dire entourés de molécules d'eau.

II Évolution du pH au cours d'une réaction acido-basique

- Au cours de la réaction entre une solution acide et une solution basique, la solution finale aura en fin de réaction un pH qui dépendra de l'**espèce dominante** entre l'ion hydrogène H^+ et l'ion hydroxyde HO^-.
- Si l'ion hydrogène **H^+** est l'**espèce dominante**, alors le **pH** de la solution finale sera **inférieur à 7** : la solution finale sera **acide**.
- Si l'ion hydroxyde **HO^-** est l'**espèce dominante**, alors le **pH** de la solution finale sera **supérieur à 7** : la solution finale sera **basique**.
- Si l'ion hydroxyde **HO^-** et l'ion hydrogène **H^+** sont **en quantités égales**, alors le **pH** de la solution finale sera **égal à 7** : la solution finale sera **neutre**.

À noter
La mesure du pH détermine le caractère acide ou basique d'une solution. (→ **Fiche 8**).

APPLIQUER LA MÉTHODE

Connaître les réactions entre les acides et les bases

L'eau d'une piscine doit normalement avoir un pH égal à 7,4. En fonction des intempéries, du dosage des produits traitants tels que les anti-algues et de l'utilisation de la piscine, le pH de l'eau peut varier. Il est donc nécessaire de le vérifier et de le réajuster régulièrement.
Alain mesure le pH de sa piscine et trouve une valeur de 6,5 ; il ajoute alors quelques galets d'un produit appelé « pH + » et obtient un pH de 7,4.

1. L'eau de la piscine d'Alain est-elle acide, basique ou neutre, avant et après traitement ? Pour chaque cas, quel est l'espèce chimique prédominante responsable de ce caractère acido-basique ?

2. Quels est l'effet des galets « pH+ » sur le pH de l'eau la piscine ? Sont-ils acides ou basiques ?

3. Quelle espèce chimique est formée par la réaction entre l'eau de la piscine et les galets de « pH+ » ?

Conseils

1. Relie le pH au caractère acido-basique d'une solution et à l'espèce chimique prédominante.
2. Souviens-toi qu'après une réaction acido-basique, le pH de la solution finale dépend de l'espèce prédominante.
3. Identifie les produits de la réaction en jeu.

Solution

1. ■ **Avant traitement**, l'eau de la piscine d'Alain a un pH égal à 6,5 ; l'eau est acide car son pH est inférieur à 7. L'espèce chimique qui prédomine dans cette eau est l'**ion hydrogène**.

■ **Après traitement**, l'eau de la piscine d'Alain a un pH égal à 7,4 ; l'eau est basique car son pH est supérieur à 7. L'espèce chimique qui prédomine dans cette eau est l'**ion hydroxyde**.

2. Les galets « pH+ » vont permettre d'**augmenter le pH de l'eau**, pour cela ils doivent apporter suffisamment d'ions hydroxyde pour qu'ils soient majoritaires, les galets sont donc **basiques**.

3. L'eau de la piscine contient majoritairement des ions hydrogène alors que les galets contiennent majoritairement des ions hydroxyde, en mélangeant les deux, des **molécules d'eau** vont être formées.

Pour vérifier que tu as compris ▸ Exercices 1 et 2
Pour t'entraîner ▸ Exercices 3 à 9
Pour préparer le brevet ▸ Exercices 10 à 13

12 Étudier les réactions entre les solutions acides et les métaux

Comment les métaux réagissent-ils au contact d'une solution acide ?

RETENIR L'ESSENTIEL

I Réaction entre un métal et une solution acide

Lorsqu'on met en contact un acide et un métal, on observe la formation d'un dégagement gazeux de dihydrogène et la transformation des atomes de métal en ions métalliques.

$$\text{Métal}_{(s)} + \text{Acide}_{(aq)} \rightarrow \text{Ions métalliques}_{(aq)} + \text{Dihydrogène}_{(g)}$$

II Réaction entre le fer et l'acide chlorhydrique

1. Protocole expérimental

On introduit dans un tube à essai un clou en fer et de l'acide chlorhydrique concentré. L'acide chlorhydrique est une solution aqueuse contenant des ions hydrogène H^+ et des ions chlorures Cl^-. Un clou en fer est constitué d'atomes de fer Fe.

2. Observations

Lorsque le fer entre en contact avec l'acide, on observe un dégagement gazeux et après quelques instants le clou en fer apparaît « rongé ».

3. Identification des produits

- Une fois la réaction terminée, on identifie les espèces chimiques présentes :
• on approche une allumette enflammée du tube à essai, la flamme est soufflée et on entend un « pop » : du dihydrogène a été formé ;
• on identifie les ions présents dans la solution finale :
- apparition d'un précipité vert lorsqu'on introduit une solution d'hydroxyde de sodium : des ions fer II Fe^{2+} sont présents ;
- apparition d'un précipité blanc qui noircit à la lumière lorsqu'on introduit une solution de nitrate d'argent : des ions chlorures sont présents.
- Les ions chlorures sont présents à l'état initial (dans la solution d'acide chlorhydrique) et à l'état final, ils n'interviennent donc pas dans la transformation : ce sont des **ions spectateurs**.

> **À noter**
> Les **tests d'identification** des ions sont traités dans la fiche 7.

4. Bilan de la réaction

L'équation de la réaction chimique est : $Fe_{(s)} + 2\,H^+_{(aq)} \rightarrow Fe^{2+}_{(aq)} + H_{2(g)}$

Nous pouvons constater qu'elle est en adéquation avec les observations et l'identification des produits.

APPLIQUER LA MÉTHODE

Connaitre la réaction entre les acides et les métaux

Louise a fait une surprise à ses parents : après leur avoir cuisiné un repas, elle a nettoyé la cuisinière à gaz.
Les brûleurs d'une cuisinière à gaz (les petites pièces par lesquelles sorte le gaz) sont en laiton.
Le laiton est un alliage de cuivre et de zinc de couleur jaune. Le cuivre seul est rouge alors que le zinc seul est gris.
Comme Louise a appris en classe que le cuivre ne réagit pas avec l'acide chlorhydrique, elle pense en utiliser pour nettoyer les bruleurs de la cuisinière.

1. Que va-t-il se passer si Louise utilise de l'acide chlorhydrique pour nettoyer les brûleurs ?

2. Quels vont être les réactifs et les produits de la transformation provoquée par Louise ?

Conseils

- Souviens-toi qu'un acide contient des ions hydrogène.
- Souviens-toi des observations liées à la réaction entre un acide et un métal.
- Identifie les réactifs et les produits.

Solution

1. Lorsqu'un métal et un acide sont mis en contact il y a transformation chimique, donc si Louise nettoie les bruleurs avec de l'acide chlorhydrique il va y avoir une réaction entre l'acide chlorhydrique et le zinc.
Comme lors de la transformation chimique entre un acide et un métal, les atomes métalliques sont transformés en ions et que les ions hydrogène sont transformés en dihydrogène gazeux, en nettoyant les bruleurs **Louise va abimer les brûleurs** car les atomes de zinc vont se transformer en ions et vont « partir » avec l'éponge.

2. ■ Les **réactifs** sont les espèces présentes avant la transformation. Ici, il s'agit de l'**acide chlorhydrique** et du **zinc** (il est indiqué dans l'énoncé que le cuivre ne réagit pas avec l'acide chlorhydrique).

■ Les **produits** sont les espèces qui ont été formées lors de la transformation, ici il s'agit du **dihydrogène** et des **ions zinc II**.

Pour vérifier que tu as compris ▸ Exercices 1 et 2

Pour t'entraîner ▸ Exercices 3 à 9

Pour préparer le brevet ▸ Exercices 10 à 13

Se tester QUIZ

Vérifie que tu as bien compris les points clés des **fiches 9 à 12.**

Pour chaque question, vérifie ta réponse à l'aide du corrigé et consulte les fiches de cours si nécessaire.

1 Savoir ce qu'est une transformation chimique

→ RÉVISE LES FICHES 9 ET 10

1. Lors d'une transformation chimique, la masse du système augmente :

☐ **a.** vrai

☐ **b.** faux

2. Dans l'équation de la combustion du méthane : $CH_4 + 2\ O_2 \rightarrow CO_2 + 2\ H_2O$

☐ **a.** le méthane (CH_4) et le dioxygène (O_2) sont les réactifs

☐ **b.** le méthane (CH_4) et le dioxygène (O_2) sont les produits

2 Étudier des réactions chimiques

→ RÉVISE LES FICHES 11 ET 12

1. À la fin d'une réaction entre une solution acide et une solution basique, les ions hydrogène restent majoritaires.

On en déduit alors que le pH de la solution finale est tel que :

☐ **a.** pH = 7

☐ **b.** pH > 7

☐ **c.** pH < 7

2. Lors de la réaction entre un métal et une solution acide :

☐ **a.** le métal rouille

☐ **b.** le métal est consommé

3. L'équation de la réaction chimique entre le métal zinc et les ions hydrogène a pour expression :

☐ **a.** $Zn^{2+}_{(aq)} + H_{2(g)} \rightarrow Zn_{(s)} + 2\ H^+_{(aq)}$

☐ **b.** $Zn^{2+}_{(aq)} + 2\ H^+_{(aq)} \rightarrow Zn_{(s)} + H_{2(g)}$

☐ **c.** $Zn_{(s)} + 2\ H^+_{(aq)} \rightarrow Zn^{2+}_{(aq)} + H_{2(g)}$

S'entraîner

Vérifie que tu sais appliquer les méthodes des **fiches 9 à 12.**

Pour chaque exercice, consulte la méthode indiquée et compare ta réponse à celle donnée dans le corrigé.

3 Dans la cuisine

→ APPLIQUE LA MÉTHODE DE LA FICHE 9

Classer les situations ci-dessous en trois catégories : transformation chimique, transformation physique ou mélange.

a. Mettre un morceau de sucre dans une tasse pleine de café et le voir « disparaître ».

b. Faire bouillir de l'eau pour cuire du riz.

c. Réaliser une mayonnaise.

d. Mettre du sucre dans une casserole et chauffer pour faire du sirop.

e. Continuer de faire chauffer le sirop de sucre pour obtenir du caramel.

f. Réaliser une vinaigrette.

g. Mettre de l'eau à la grenadine dans des moules au congélateur pour faire des sorbets.

h. Préparer un gâteau et le faire cuire.

i. Préparer son chocolat au lait pour le petit-déjeuner à partir de lait et de chocolat en poudre.

j. La pomme coupée en deux qui brunit à l'air libre.

4 Un état initial, plusieurs états finaux possibles

→ APPLIQUE LA MÉTHODE DE LA FICHE 9

Un verre d'eau et un morceau de charbon (EI) placés à l'air libre peuvent sous certaines conditions aboutir à différentes situations (EF1, EF2 et EF3).

1. Décrire les différences au niveau microscopique entre une transformation chimique, une transformation physique et un mélange.

2. Déterminer par quel phénomène (entre transformation chimique, transformation physique et mélange) le système passe de l'état initial (EI) aux trois états finaux (EF1, EF2 et EF3).

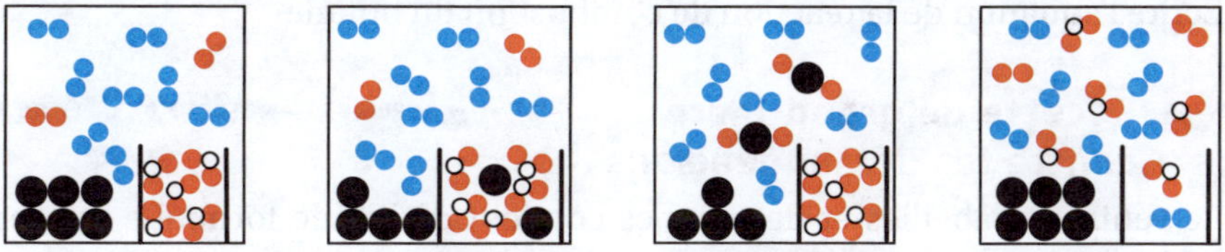

EI EF1 EF2 EF3

Légende :

	molécule de dioxygène		molécule de diazote
	atome de carbone		molécule d'eau

5 Magique ou scientifique ?

→ APPLIQUE LA MÉTHODE DES FICHES 9 ET 10

Jennifer souhaite faire un tour de « magie » à ses amies avec des produits qu'elle trouve dans la cuisine de ses parents ; pour cela elle introduit du bicarbonate de sodium dans un ballon de baudruche et du vinaigre blanc dans une bouteille. Elle fixe le ballon au goulot de la bouteille sans verser la poudre de bicarbonate de sodium dans la bouteille et pèse l'ensemble.
Elle trouve une masse $m_{\text{initiale}} = 214{,}0$ g.
Sans détacher le ballon du goulot, elle vide le contenu du ballon dans la bouteille puis observe une effervescence et le ballon qui se gonfle.

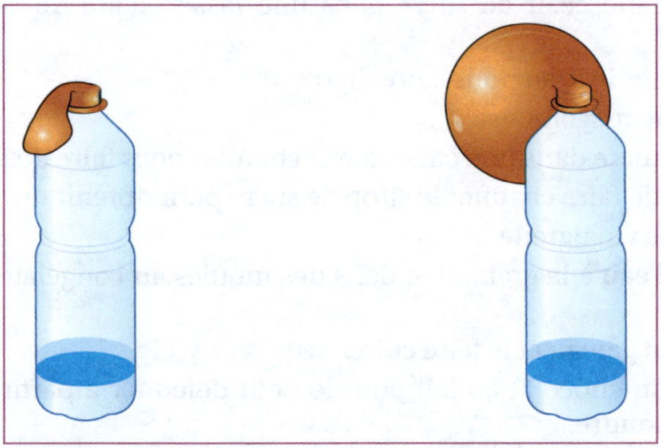

1. Quel type de transformation Jennifer a-t-elle réalisé ?

2. Quelle sera la masse de l'ensemble du dispositif lorsque l'effervescence aura cessé ? Justifier.

6 Combustion du butane

→ APPLIQUE LA MÉTHODE DE LA FICHE 10

Les briquets contiennent du butane dans leur réservoir. Le butane a pour formule C_4H_{10}.

Lors de la combustion complète du butane, deux molécules de butane réagissent avec treize molécules de dioxygène pour donner huit molécules de dioxyde de carbone et dix molécules d'eau.

Écrire l'équation de la réaction de combustion du butane.

7 Recette de grand-mère contre les démangeaisons

→ APPLIQUE LA MÉTHODE DE LA FICHE 11

Le venin des abeilles et des guêpes contient de l'acide formique qui rend leurs piqûres douloureuses.
Sachant que l'eau savonneuse est légèrement basique, expliquer pourquoi l'application d'un peu d'eau savonneuse sur les piqûres soulage la douleur.

8 Quelle salade !

→ APPLIQUE LA MÉTHODE DE LA FICHE 12

Lors de la rénovation de son restaurant, un restaurateur a décidé de changer tous les plats de service. Pour un style plus moderne, il a choisi de remplacer les plats en faïence par des plats en aluminium. Mais depuis qu'il utilise les nouveaux plats pour servir la salade, les clients trouvent que l'assaisonnement a un gout différent et qu'il est moins acide qu'avant. Son assaisonnement est un mélange de moutarde, d'huile et de vinaigre (acide éthanoïque).

Expliquer les observations faites par les clients.

9 Canettes de soda

→ APPLIQUE LA MÉTHODE DES FICHES 10 ET 12

Les sodas sont stockés dans des bouteilles en verre, dans des bouteilles en plastique, ou alors dans des canettes en aluminium ou en acier (alliage de fer et de carbone) recouverts à l'intérieur d'une fine couche protectrice. De nombreux sodas contiennent des acides, par exemple : le cola contient de l'acide phosphorique, la limonade de l'acide citrique. Pour comprendre pourquoi une couche protectrice est posée à l'intérieur des canettes, on étudie l'action de l'acide chlorhydrique sur le fer.
Dans un tube à essai contenant de la poudre de fer, on introduit quelques millilitres d'une solution aqueuse d'acide chlorhydrique.

1. Faire le schéma de cette expérience.

2. On observe alors un dégagement gazeux qui provoque une petite détonation lorsqu'on approche une allumette enflammée du tube à essai et la flamme est soufflée. On remarque également que la quantité de poudre de fer a diminué.
Pourquoi peut-on dire qu'il ne s'agit pas d'une transformation physique ?

3. On ajoute ensuite dans la solution obtenue après expérience, quelques gouttes d'hydroxyde de sodium (de la soude) et on observe la formation d'un précipité vert. Quel est l'ion qui s'est formé au cours de la transformation ? (Utiliser le tableau de la méthode de la fiche 7.)

4. Écrire le bilan en toutes lettres de la transformation chimique entre l'acide chlorhydrique et le fer.

5. Quels ions le cola et la limonade ont-ils en commun ?

6. Quel est le point commun entre l'aluminium et l'acier ?

7. Déduire des réponses aux questions précédentes ce qu'il se passerait si l'acier ou l'aluminium des canettes de soda n'étaient pas recouverts d'une couche protectrice.

8. Pourquoi peut-on également stocker les sodas dans des bouteilles en plastique ou en verre ?

Vers le brevet

Exerce-toi en vue du brevet et révise les **fiches 9 à 12.**

Pour chaque sujet, aide-toi des conseils donnés et compare ta réponse à celle donnée dans le corrigé.

SUJET TYPE

10 Étude de la réaction entre l'aluminium et l'acide chlorhydrique

10 min

→ APPLIQUE LA MÉTHODE DE LA FICHE 9

Un professeur demande aux élèves d'introduire de la poudre d'aluminium et de l'acide chlorhydrique dans un flacon et de le boucher immédiatement à l'aide d'un ballon de baudruche.
La masse initiale de l'ensemble est de 124,0 g. Les élèves observent une effervescence et le gonflage du ballon.

1. Est-ce qu'une transformation chimique a lieu ? Justifier.

2. L'équation de réaction est $2\ Al_{(s)} + 6\ H^{+}_{(aq)} \rightarrow 2\ Al^{3+}_{(aq)} + 3\ H_{2(g)}$.
Combien d'ions hydrogène H^+ réagissent avec un atome d'aluminium Al ?

3. Quelle sera la masse finale de l'ensemble ? Justifier.

Démarrons ensemble

1. Lors d'une transformation chimique, des espèces chimiques sont consommées et d'autres sont formées.

2. Lors d'une transformation chimique, il y a conservation de la matière, donc la masse du système ne change pas.

SUJET TYPE

11 Une solution d'acide chlorhydrique comme déboucheur

10 min

→ APPLIQUE LA MÉTHODE DES FICHES 10 ET 11

Une solution d'acide chlorhydrique peut être utilisée comme déboucheur de canalisation. Il faut cependant éviter de l'utiliser lorsque les canalisations sont en métal tel que le zinc car alors, l'ion hydrogène réagit avec le zinc selon l'équation chimique :

$$Zn_{(s)} + 2\ H^{+}_{(aq)} \rightarrow Zn^{2+}_{(aq)} + H_{2(g)}$$

1. Quels sont les réactifs de la réaction ?

2. Quels sont les produits de la réaction ?

3. Combien de molécules de dihydrogène obtient-on si 10 ions hydrogène réagissent ?

4. Il existe d'autres déboucheurs qui sont des solutions contenant majoritairement l'ion hydroxyde HO^-. Il ne faut surtout pas les mélanger avec la solution d'acide chlorhydrique car il se produirait une réaction chimique dégageant beaucoup de chaleur selon l'équation de réaction suivante :

$$H^+_{(aq)} + HO^-_{(aq)} \rightarrow H_2O_{(l)}$$

Quelle sera la valeur du pH de la solution finale si à la fin de la réaction, les ions hydroxydes sont majoritaires ?

Démarrons ensemble

3. Utilise l'équation chimique de la transformation.

SUJET TYPE 12 — 20 min

Bilan dioxygène d'une plante

→ APPLIQUE LA MÉTHODE DE LA FICHE 10

Document 1 Échanges gazeux des végétaux

Grâce à la photosynthèse, les végétaux produisent du dioxygène, en quantité beaucoup plus importante que celle qu'ils consomment en respirant.

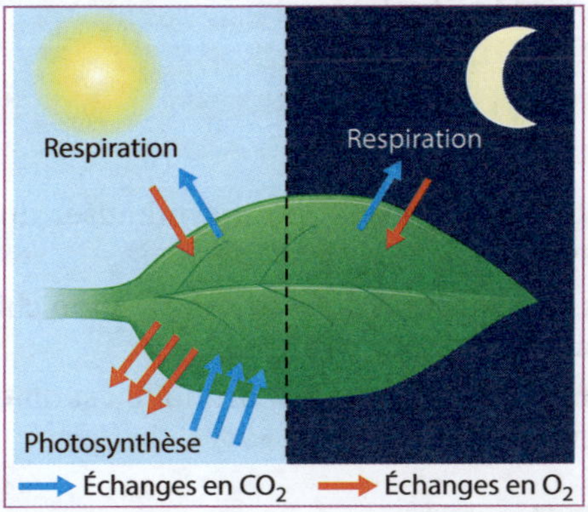

Document 2 Principe de la photosynthèse

« La photosynthèse est un processus au cours duquel les plantes vertes utilisent l'énergie de rayonnement produite par le Soleil pour créer, grâce à leur chlorophylle, des substances qui leur sont indispensables pour vivre.
Elles utilisent le dioxyde de carbone présent dans l'atmosphère et l'eau présente dans l'air ou dans le sol pour produire du glucose $C_6H_{12}O_6$ et du dioxygène qui est libéré dans l'atmosphère.
Lorsque la photosynthèse n'a pas lieu, les plantes respirent comme tout autre être vivant.

Document 3 Principe de la respiration chez les êtres vivants

Tout être vivant est constitué d'au moins une cellule. Les cellules consomment en permanence des nutriments (glucose) et du dioxygène afin de produire de l'énergie ; elles rejettent des déchets dont du dioxyde de carbone.

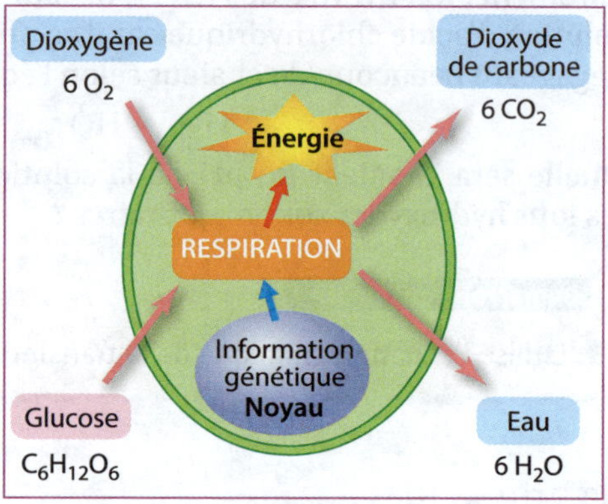

1. La photosynthèse et la respiration sont-elles des transformations chimiques ?

2. Choisir l'équation de la réaction de la photosynthèse du glucose et justifier le choix :

☐ **a.** $3\,CO_2 + C_6H_{12}O_6 \rightarrow 6\,H_2O + 6\,O_2$

☐ **b.** $CO_2 + H_2O \rightarrow C_6H_{12}O_6 + O_2$

☐ **c.** $2\,CO_2 + 6\,O_2 \rightarrow 3\,H_2O + 6\,C_6H_{12}O_6$

☐ **d.** $2\,C_6H_{12}O_6 + 3\,O_2 \rightarrow 2\,H_2O + 6\,CO_2$

☐ **e.** $6\,CO_2 + 6\,H_2O \rightarrow C_6H_{12}O_6 + 6\,O_2$

☐ **f.** $C_6H_{12}O_6 + 6\,H_2O \rightarrow 6\,CO_2 + 6\,O_2$

3. De quoi la plante a-t-elle besoin pour synthétiser du glucose ? À quels moments la photosynthèse est-elle possible ?

4. Citer des réactifs et un produit de la transformation chimique mise en jeu lors de la respiration.

5. À partir du document 1, expliquer pourquoi il est dit que la forêt amazonienne est « le poumon vert de la Terre ».

Démarrons ensemble

1. Souviens-toi que lors d'une transformation chimique il y a modification de la nature des espèces chimiques.

2. Vérifie que les réactifs sont à gauche de la flèche et les produits à droite, et qu'il y a le même nombre de chaque sorte d'atome avant et après la transformation (conservation de la matière).

3. Sers-toi des documents 1. et 2.

4. Sers-toi du document 3.

5. Souviens-toi que les hommes ont besoin de dioxygène pour vivre.

SUJET TYPE 13 20 min

De la chimie même dans un garage

→ APPLIQUE LA MÉTHODE DES FICHES 9, 10 ET 12

L'apprenti d'un garagiste décide de récupérer dans un vieux seau en fer galvanisé (fer recouvert de zinc) la solution acide d'une batterie usée de voiture.

Document 1 Tests d'identification de certains ions

La présence d'un ion en solution aqueuse peut-être identifiée grâce à la formation d'un précipité (solide en suspension) lorsque l'on ajoute un réactif approprié.

Ion à identifier	Réactif à ajouter	Précipité formé
Ion chlorure Cl^-	Ion argent Ag^+	Précipité blanc photosensible
Ion cuivre Cu^{2+}	Ion hydroxyde HO^-	Précipité bleu
Ion fer II Fe^{2+}	Ion hydroxyde HO^-	Précipité vert
Ion fer III Fe^{3+}	Ion hydroxyde HO^-	Précipité rouille
Ion zinc Zn^{2+}	Ion hydroxyde HO^-	Précipité blanc

Document 2 Tests d'identification de certains gaz

Substance à tester	Substance à utiliser	Observation si le test est positif	Conclusion
Dioxygène (O_2)	Allumette incandescente	L'allumette s'enflamme	Il y a du dioxygène
Dihydrogène (H_2)	Allumette enflammée	La flamme est soufflée et on entend une petite détonation	Il y a du dihydrogène
Dioxyde de carbone (CO_2)	Eau de chaux	L'eau de chaux se trouble	Il y a du dioxyde de carbone

1. Quelles sont les espèces présentes initialement dans le seau ?

2. Des bulles de gaz apparaissent dans le liquide. Quelle conclusion peut-on tirer à propos de l'interaction entre la solution de la batterie et d'un seau en fer galvanisé ?

3. L'apprenti récupère un peu du gaz formé dans un tube à essai et approche une allumette enflammée de l'ouverture du tube ; la flamme est soufflée et une petite détonation est émise. Donner le nom et la formule du gaz formé.

4. Deux types d'ions se forment dans le liquide. Comment peut-on les identifier ? Quel problème va-t-on rencontrer ?

5. Écrire les équations des réactions chimiques qui se produisent en faisant apparaître seulement les entités qui réagissent.

L'apprenti a-t-il fait un bon choix en choisissant ce seau ?

Démarrons ensemble

1. Sers-toi de l'énoncé pour faire la liste des espèces chimiques présentes.
2. Tu dois te rappeler quels sont les indicateurs qui permettent de caractériser une transformation chimique.
3. Sers-toi du document 2.
4. Sers-toi du document 3.
5. Dresse le bilan des réactifs et des produits pour chacune des réactions impliquant un métal et vérifie que les équations sont équilibrées : il doit y avoir conservation de la matière.

Se tester QUIZ

1 **1. Réponse b.**

2. Réponse a.

2 **1. Réponse c.**

2. Réponse b.

3. Réponse c.

S'entraîner

3

Transformations chimiques	Transformations physiques	Mélanges
c. Réaliser une mayonnaise. **e.** Continuer de faire chauffer le sirop de sucre pour obtenir du caramel. **h.** Préparer un gâteau et le faire cuire. **j.** La chair d'une pomme coupée en deux qui brunit à l'air libre.	**b.** Faire bouillir de l'eau pour cuire du riz. **d.** Mettre du sucre dans une casserole et chauffer pour faire du sirop. **g.** Mettre de l'eau à la grenadine dans des moules au congélateur pour faire des sorbets.	**a.** Mettre un morceau de sucre dans une tasse pleine de café et le voir « disparaître ». **f.** Réaliser une vinaigrette. **i.** Préparer son chocolat au lait pour le petit-déjeuner à partir de lait et de chocolat en poudre.

4 **1.** ▪ Lors d'une **transformation chimique**, les espèces chimiques changent : il y a une redistribution des atomes.

▪ Lors d'une **transformation physique**, les espèces chimiques ne changent pas, seule l'organisation des particules entre elles change.

▪ Dans un **mélange**, différentes espèces chimiques sont mises en contact mais elles ne sont pas modifiées.

Méthode
Observe bien les **modèles moléculaires** représentés pour distinguer leurs différences et repérer si les édifices chimiques sont les mêmes ou pas et si ils sont aux mêmes endroits.

2. ▪ On passe de l'état initial (EI) à l'état final 1 (EF1) en **mélangeant** les atomes de carbone du charbon et l'eau.

▪ On passe de l'état initial (EI) à l'état final 2 (EF2) par une transformation chimique : des atomes de carbone **ont réagi** avec des molécules de dioxygène pour former des molécules de dioxyde de carbone.

▪ On passe de l'état initial (EI) à l'état final 3 (EF3) par une transformation physique : les molécules d'eau sont passées de l'état liquide à l'état gazeux.

5 **1.** Jennifer a réalisé une **transformation chimique**, puisqu'au moins une nouvelle espèce a été formée : le gaz qui gonfle le ballon.

Rappel
Il y a **conservation de la matière** lors d'une transformation chimique.

2. Lors d'une transformation chimique, il y a conservation de la matière. La masse de l'ensemble du dispositif est **la**

même avant la mise en contact du bicarbonate de sodium et du vinaigre que lorsque l'effervescence a cessé :

$m_{finale} = 214{,}0$ g.

> **Méthode**
> Tu dois connaître les formules chimiques du dioxygène, du dioxyde de carbone et de l'eau ; et retranscrire les proportions indiquées dans l'énoncé par des coefficients placés devant les formules chimiques.

6 D'après l'énoncé nous pouvons écrire :

$$2\,C_4H_{10} + 13\,O_2 \rightarrow 8\,CO_2 + 10\,H_2O$$

7 ■ Le venin est une solution acide, il contient donc majoritairement des ions hydrogène. L'eau savonneuse est une solution basique, elle contient donc majoritairement des ions hydroxyde.

■ En appliquant de l'eau savonneuse sur les piqures, on fait réagir les ions hydrogène avec les ions hydroxyde qui ensemble vont former de l'eau et ainsi le venin deviendra **moins acide** et aura moins d'effet.

8 ■ Le vinaigre est une solution acide ; nous savons que les acides et les métaux réagissent ensemble pour former des ions métalliques et un gaz (le dihydrogène).

■ En mettant en contact le vinaigre et l'aluminium, le cuisinier a provoqué une transformation chimique entre les ions hydrogène et les atomes d'aluminium :

- les ions hydrogène ont été consommés et transformés en dihydrogène, comme il y a moins d'ions hydrogène la solution est **moins acide** ;

- les atomes d'aluminium se sont transformés en ions aluminium qui donnent un goût à l'assaisonnement.

9 **1.**

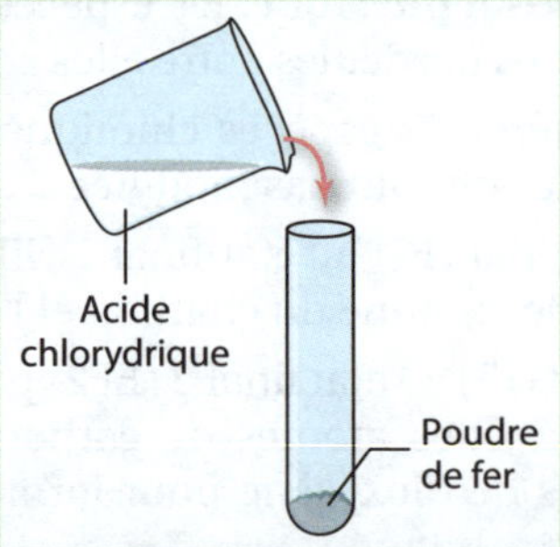

2. Nous pouvons affirmer qu'il ne s'agit pas d'une transformation physique car nous observons que la quantité de poudre diminue (**le fer est consommé**) et que **du gaz est formé**. Les espèces chimiques changent au cours de cette transformation : c'est une transformation chimique.

3. D'après le résultat du test d'identification des ions, nous pouvons dire que l'ion formé lors de cette transformation est l'**ion fer II, Fe^{2+}**.

> **Méthode**
> Utilise le tableau d'**identification des ions** de la méthode de la fiche 7.

4. D'après les réponses aux questions 2 et 3, nous pouvons écrire :

ion hydrogène + fer → dihydrogène + ion fer II

5. D'après l'énoncé, le cola et la limonade sont des solutions acides, elles contiennent donc toutes les deux des **ions hydrogène**.

6. L'aluminium et l'acier sont tous les deux constitués d'**atomes métalliques** : Al pour l'aluminium et Fe pour l'acier.

7. Si l'acier ou l'aluminium des canettes de soda n'étaient pas recouverts d'une couche protectrice, les ions hydrogène des boissons seraient en contact avec les atomes métalliques des récipients et une transformation chimique aurait lieu entre eux avec formation d'un gaz et libération d'ions métalliques.

8. Les sodas peuvent être également stockés dans des bouteilles en plastique ou en verre car les ions hydrogène ne réagissent pas avec ces matières.

> **Méthode**
> Tu dois écrire uniquement les espèces qui réagissent et celles qui sont formées ; dans un bilan en toutes lettres il n'est pas nécessaire d'indiquer dans quelles proportions les réactifs sont consommés et les produits formés.

Vers le brevet

10 **1.** Une transformation chimique a bien lieu car une nouvelle espèce chimique est apparue : celle qui correspond au gaz dégagé.

2. D'après l'équation de la réaction chimique, il faut 6 ions hydrogène pour réagir avec 2 atomes d'aluminium. On en déduit que pour faire réagir un atome d'aluminium, il faudra **3 ions hydrogène**.

3. Au cours d'une réaction chimique la masse est conservée, donc la masse finale sera également de **124,0 g**.

> **À noter**
> Les coefficients stœchiométriques indiquent dans quelles proportions les réactifs sont consommés et les produits formés.

11 **1.** Les réactifs de la réaction sont le **métal zinc** et l'**ion hydrogène**.

2. Les produits de la réaction sont le **dihydrogène** et l'**ion zinc**.

3. D'après l'équation de la réaction chimique, 2 ions hydrogène forment une molécule de dihydrogène. On en déduit que **10 ions hydrogène** formeront **5 molécules de dihydrogène**.

4. Si à la fin de la réaction les ions hydroxydes sont majoritaires, le pH de la solution finale sera **supérieur à 7**.

> **À noter**
> Revois la fiche 11 pour la prédominance des espèces chimiques dans les solutions acides et basiques.

12 **1.** La photosynthèse et la respiration sont des **transformations chimiques** puisque l'une comme l'autre consomment des espèces chimiques pour en former de nouvelles.

2. Réponse e.

▮ Les réactifs mis en jeu dans la photosynthèse sont le dioxyde de carbone (CO_2) et l'eau (H_2O) ; les produits formés sont le dioxygène (O_2) et le glucose ($C_6H_{12}O_6$).

Les seules équations pour lesquelles le dioxyde de carbone et l'eau sont à gauche de la flèche et le glucose et le dioxygène sont à droite sont les équations **b** et **e.**

Rappel
Les **réactifs** sont notés à gauche de la flèche et les **produits** à droite.

▮ Comptons les atomes présents de chaque côté de la flèche pour les deux équations possibles :

b.

$CO_2 + H_2O$	$\rightarrow C_6H_{12}O_6 + O_2$
1 C	6 C
2 + 1 = 3 O	6 + 2 = 8 O
2 H	12 H

e.

$6\ CO_2 + 6\ H_2O$	$\rightarrow C_6H_{12}O_6 + 6\ O_2$
6 × 1 = 6 C	6 C
6 × 2 + 6 × 1 = 18 O	6 + 6 × 2 = 18 O
6 × 2 = 12 H	12 H

Nous remarquons que seule l'équation **e.** vérifie la conservation de la matière. L'équation correspondant à la photosynthèse est l'équation **e.** :

$$6\ CO_2 + 6\ H_2O \rightarrow C_6H_{12}O_6 + 6\ O_2$$

3. Les végétaux ont besoin d'**énergie lumineuse** pour produire du glucose (*photo* signifie lumière en grec), la photosynthèse ne peut donc se faire que quand il fait jour.

4. D'après le document 3, nous pouvons dire que le **glucose** et le **dioxygène** sont consommés lors de la respiration : ce sont des réactifs. Du **dioxygène** est formé : c'est un produit.

5. Les Hommes comme tous les êtres vivants ont besoin de dioxygène pour vivre. Le document 1 montre que les plantes produisent plus de dioxygène qu'elles n'en consomment. En étant une énorme étendue d'arbres, la forêt amazonienne contribue à la production de dioxygène nécessaire à la vie sur Terre et donc tout comme les poumons elle permet aux hommes de vivre.

13 **1.** Les espèces présentes initialement dans le seau sont des atomes de fer et de zinc (apportés par le seau) et des **ions hydrogène** (apportés par la solution de la batterie).

2. L'apparition de bulles de gaz nous permet de déduire qu'une transformation chimique a eu lieu.

3. Le gaz formé par la transformation chimique entre un métal et un acide est le **dihydrogène** de formule H_2.

Méthode
Lorsqu'il y a une nouvelle espèce chimique qui est formée (un gaz par exemple) il y a **transformation chimique**.

4. Pour identifier les deux types d'ions qui se sont formés dans le liquide, nous devons mettre un peu de la solution obtenue dans deux tubes à essais et verser dans chacun quelques millilitres d'une solution contenant des ions hydroxyde (de l'hydroxyde de sodium ou soude, par exemple).

Nous devrions observer un précipité vert pour les **ions fer II** formés et un précipité blanc pour les **ions zinc** formés.

Les deux ions métalliques formés étant dans la même solution, nous ne pourrons pas distinguer clairement les deux précipités.

5. Réaction entre la solution acide et le zinc :

$Fe + 2H^{+} \rightarrow H_2 + Fe^{2+}$

Réaction entre la solution acide et le fer :

$Zn + 2H^{+} \rightarrow H_2 + Zn^{2+}$

L'apprenti n'a **pas fait un bon choix** en choisissant ce seau, car la solution de la batterie va réagir avec le seau et va le « ronger ».

Rappel

On ajoute des coefficients devant les formules chimiques pour que l'**équation de réaction** vérifie la conservation de la matière.

Organisation de la matière de l'Univers

FICHES

EXERCICES & SUJETS

CORRIGÉS

13 Décrire l'Univers à l'échelle du noyau

Dans les étoiles, les conditions extrêmes font que les atomes n'ont plus leurs cortèges électroniques : on trouve alors un mélange d'électrons et de noyaux. Mais quelle est la structure d'un noyau ?

RETENIR L'ESSENTIEL

I Description du noyau d'un atome

- Un noyau est constitué de particules appelées **nucléons** qui sont de deux sortes :
  - les **protons,** qui portent une **charge électrique positive**.
  - les **neutrons** qui sont **électriquement neutres**.
- Un noyau est donc chargé positivement, et sa charge correspond à celle des protons qu'il contient.
- Un **noyau** a un diamètre de l'ordre de **10^{-15} m**, tandis que celui de l'atome est de l'ordre de 10^{-10} m.

À noter
Un noyau est environ 100 000 fois plus petit qu'un atome.

II Connaître le symbole du noyau d'un atome

Chaque noyau est représenté par un symbole nous informant sur sa composition.

$$^{A}_{Z}\mathrm{X}$$

X est le **symbole** de l'atome auquel appartient le noyau ;
Z est le **numéro atomique** : c'est le nombre de protons du noyau ;
A est le **nombre de masse** : c'est le nombre de nucléons du noyau.

III Trouver la composition en nucléons d'un noyau

Le nombre de protons dans le noyau nous est directement donné par la valeur du numéro atomique Z. Sachant que A représente le nombre total de nucléons (protons et neutrons), pour trouver le **nombre N de neutrons** il suffit de réaliser le calcul suivant :

$$N = A - Z$$

Exemple : le noyau de fluor a pour symbole $^{19}_{9}\mathrm{F}$; il contient donc 19 nucléons ($A = 19$), parmi lesquels on trouve 9 protons ($Z = 9$) et 10 neutrons ($N = A - Z = 19 - 9 = 10$).

APPLIQUER LA MÉTHODE

Déterminer la composition et le symbole d'un noyau

Le dioxyde de carbone, de formule CO_2, est une molécule contenant des atomes de carbone et d'oxygène. Voici quelques renseignements concernant les noyaux de chacun de ces atomes :
– le noyau de carbone a pour symbole $^{12}_{6}C$;
– le noyau d'oxygène possède un nombre de masse $A = 16$ et un numéro atomique $Z = 8$.

1. Quelle est la composition du noyau de l'atome de carbone ?

2. Quelle est la composition et le symbole du noyau de l'atome d'oxygène ?

3. Il existe des noyaux de carbone dont les symboles sont : $^{13}_{6}C$ et $^{14}_{6}C$. Qu'est-ce qui les différencient du premier noyau de carbone ?

Conseils

1. Détermine le nombre de protons et le nombre de neutrons à partir des nombres apparaissant dans le symbole du noyau.
2. Identifie ce que représentent A et Z et leur position dans le symbole du noyau.

Solution

1. Dans le symbole du noyau, 6 représente le nombre de protons et 12 le nombre de nucléons, c'est-à-dire la somme des protons et des neutrons.

On en déduit qu'il y a **6 protons** et 12 – 6 = **6 neutrons** dans le noyau de l'atome de carbone.

2. A représente le nombre de nucléons tandis que Z représente le nombre de protons.

On en déduit qu'il y a **8 protons** et 16 – 8 = **8 neutrons** dans le noyau de l'atome d'oxygène.

Le symbole général d'un noyau étant $^{A}_{Z}X$, celui du noyau d'oxygène est donc $\mathbf{^{16}_{8}O}$.

3. Le noyau $^{13}_{6}C$ possède 6 protons et 13 – 6 = 7 neutrons.

Le noyau $^{14}_{6}C$ possède 6 protons et 14 – 6 = 8 neutrons.

Ils ont donc un nombre de neutrons différent.

Pour vérifier que tu as compris ▸ Exercices 1 et 2
Pour t'entraîner ▸ Exercices 3 à 6
Pour préparer le brevet ▸ Exercices 7 à 10

14 Étudier la matière dans l'Univers

Dans l'Univers, la matière se trouve essentiellement concentrée dans les systèmes planétaires. Cette matière est constituée d'atomes de différentes natures que l'on a entrepris de classer.

RETENIR L'ESSENTIEL

I Les atomes dans l'Univers

Dans les étoiles, on trouve essentiellement des atomes d'hydrogène H et d'hélium He. Sur Terre, on trouve une très grande diversité d'atomes tels que l'oxygène O, l'azote N, le carbone C, le fer Fe, etc.

II La classification périodique

- Depuis le XIXe siècle, les scientifiques ont réalisé un décompte de tous les atomes connus afin de les classer. C'est le chimiste russe Dimitri Mendeleïev qui est à l'origine de la classification utilisée aujourd'hui, appelée classification périodique des éléments chimiques.

À noter

On donne le nom d'**élément chimique** à l'ensemble des entités chimiques (atomes, isotopes ou ions) caractérisées par le même nombre *Z* de protons dans leur noyau. Les éléments chimiques sont représentés par leur symbole chimique.

Classification périodique des éléments chimiques

	1	2	3	4	5	6	7	8	9	10	11	12	13	14	15	16	17	18
1	1 H																	2 He
2	3 Li	4 Be											5 B	6 C	7 N	8 O	9 F	10 Ne
3	11 Na	12 Mg											13 Al	14 Si	15 P	16 S	17 Cl	18 Ar
4	19 K	20 Ca	21 Sc	22 Ti	23 V	24 Cr	25 Mn	26 Fe	27 Co	28 Ni	29 Cu	30 Zn	31 Ga	32 Ge	33 As	34 Se	35 Br	36 Kr
5	37 Rb	38 Sr	39 Y	40 Zr	41 Nb	42 Mo	43 Tc	44 Ru	45 Rh	46 Pd	47 Ag	48 Cd	49 In	50 Sn	51 Sb	52 Te	53 I	54 Xe
6	55 Cs	56 Ba		72 Hf	73 Ta	74 W	75 Re	76 Os	77 Ir	78 Pt	79 Au	80 Hg	81 Ti	82 Pb	83 Bi	84 Po	85 At	86 Rn
7	87 Fr	88 Ra		104 Rf	105 Db	106 Sg	107 Bh	108 Hs	109 Mt	110 Ds	111 Rg	112 Cn	113 Uut	114 Fl	115 Uup	116 Lv	117 Uus	118 Uuo
				57 La	58 Ce	59 Pr	60 Nd	61 Pm	62 Sm	63 Eu	64 Gd	65 Tb	66 Dy	67 Ho	68 Er	69 Tm	70 Yb	71 Lu
				89 Ac	90 Th	91 Pa	92 U	93 Np	94 Pu	95 Am	96 Cm	97 Bk	98 Cf	99 Es	100 Fm	101 Md	102 No	103 Lr

- La classification périodique classe tous les atomes dans l'ordre croissant de leurs numéros atomiques *Z*.
- La place d'un atome dans la classification permet de prévoir certaines de ses caractéristiques chimiques. Chaque colonne de la classification périodique constitue une « famille chimique » : tous les atomes d'une même colonne ont des propriétés chimiques voisines.

APPLIQUER LA MÉTHODE

Trouver un atome dans la classification périodique

Un étudiant en chimie recherche dans la classification un atome qui répond aux critères suivants :
– il possède un numéro atomique plus petit que celui du potassium K et plus grand que celui du sodium Na ;
– il possède des propriétés chimiques similaires à celles de l'azote N.
Quel est cet atome ?

	1	2	3	4	5	6	7	8	9	10	11	12	13	14	15	16	17	18
1	1 H																	2 He
2	3 Li	4 Be											5 B	6 C	7 N	8 O	9 F	10 Ne
3	11 Na	12 Mg											13 Al	14 Si	15 P	16 S	17 Cl	18 Ar
4	19 K	20 Ca	21 Sc	22 Ti	23 V	24 Cr	25 Mn	26 Fe	27 Co	28 Ni	29 Cu	30 Zn	31 Ga	32 Ge	33 As	34 Se	35 Br	36 Kr

Conseils

- Souviens-toi que les atomes sont classés dans l'ordre croissant des numéros atomiques Z dans la classification.
- Établis un encadrement pour le numéro atomique de l'atome cherché.
- Rappelle-toi que tous les atomes d'une même colonne dans la classification possèdent des propriétés chimiques voisines.
- Détermine la colonne dans laquelle doit se trouver l'atome cherché.

Solution

- Le potassium K a un numéro atomique égal à 19 tandis que celui du sodium Na est égal à 11.

On en déduit que le numéro atomique Z de l'atome recherché est compris dans l'intervalle : $11 < Z < 19$.

- Tous les atomes se trouvant dans la même colonne que l'azote N possède des propriétés chimiques similaires. On trouve l'azote dans la colonne numéro 15. La liste d'atome possible est donc le phosphore ($Z = 15$) et l'astate ($Z = 33$).
- On en conclut alors que l'atome recherché est le **phosphore** P

(car $11 < 15 < 19$).

Pour vérifier que tu as compris ▸ Exercices 1 et 2
Pour t'entraîner ▸ Exercices 3 à 6
Pour préparer le brevet ▸ Exercices 7 à 10

15 Étudier la structure de l'Univers

La description de l'Univers peut se faire à différentes échelles : à l'échelle du Système solaire, puis de notre galaxie, puis des amas de galaxies.

RETENIR L'ESSENTIEL

I Le Système solaire

■ Le Système solaire est constitué de différents corps célestes :
– **une étoile**, le Soleil autour duquel gravitent **huit planètes** classées en deux familles : les planètes telluriques (Mercure, Vénus, la Terre et Mars) et les planètes géantes gazeuses (Jupiter, Saturne, Uranus et Neptune) ;
– **des planétoïdes** tels que Pluton, qui gravitent à la périphérie du système (ceinture de Kuiper) ; **des comètes** qui repassent périodiquement à proximité du Soleil, en provenance du nuage d'Oort ; et **des astéroïdes** issus de la ceinture d'astéroïdes placée entre Mars et Jupiter.

■ Dans ce système, l'unité de longueur la plus adaptée est l'**unité astronomique (UA)** définie par la distance entre la Terre et le Soleil.

$$1 \text{ UA} = 1{,}50 \times 10^{8} \text{ km} = 1{,}50 \times 10^{11} \text{ m}$$

II La Voie lactée

■ La Voie lactée est le nom de **notre galaxie** qui regroupe plusieurs milliards d'étoiles dont le Soleil.

■ Pour apprécier les distances avec les étoiles les plus proches de nous, on utilise une unité adaptée qui est l'année-lumière **(al)** définie par :

Mot-clé
L'année-lumière est la distance parcourue par la lumière pendant un an dans le vide.

$$1 \text{ al} = 9{,}46 \times 10^{12} \text{ km} = 9{,}46 \times 10^{15} \text{ m}$$

III L'évolution de l'Univers

■ L'Univers « est né » il y a environ **13,8 milliards d'années** d'une singularité (un point extrêmement dense et chaud) appelée big bang. Depuis, il n'a de cesse d'évoluer et de se dilater.

■ Dans les tout premiers instants, les briques élémentaires de la matière se sont formées : protons, neutrons, électrons ; puis, au fur et à mesure que l'Univers se dilatait et se refroidissait, les premiers noyaux se formèrent : hydrogène, hélium et lithium. Les atomes se formèrent par capture des électrons jusqu'alors libres, au bout de 380 000 ans.

■ Sous l'effet de la **gravitation**, ces particules de matière forment de grands nuages (nébuleuses), qui vont se réchauffer pour atteindre plusieurs millions de degrés et engendrer des étoiles. C'est au cœur des étoiles que vont être fabriqués tous les autres atomes. Notre Système solaire est né ainsi de la contraction d'un nuage de poussières il y a 4,6 milliards d'années.

APPLIQUER LA MÉTHODE

Exprimer une distance dans différentes unités

Longtemps classée parmi les planètes, Pluton, découverte en 1930, a été reclassée en 2006 pour devenir la première représentante de la famille des planètes naines. Elle est située à 39,4 UA du Soleil.
Pluton possède plusieurs satellites naturels dont Charon situé sur une orbite autour de Pluton dont le rayon est égal à $1{,}718 \times 10^7$ m.

1. Quelle est la distance de Pluton au Soleil exprimée en kilomètres ?
2. Quelle est la distance de Pluton au Soleil exprimée en mètres ?
3. Quelle est la distance de Pluton au Soleil exprimée en années-lumière ?
4. Quelle est la distance de Charon à Pluton exprimée en kilomètres ?
5. Quelle est la distance de Charon à Pluton en unités astronomiques ?

Conseils

1. Souviens-toi que 1 UA = $1{,}50 \times 10^8$ km.
2. Souviens-toi que 1 km = 1×10^3 m.
3. Souviens-toi que 1 m = $1 / (9{,}46 \times 10^{15})$ al.
4. Souviens-toi que 1 m = 1×10^{-3} km.
5. Souviens-toi que 1 m = $1 / (1{,}50 \times 10^{11})$ UA.

Solution

1. Exprimons la distance de Pluton au Soleil en kilomètres :

39,4 UA = $39{,}4 \times 1{,}50 \times 10^8$ km = $\mathbf{5{,}91 \times 10^9}$ **km**.

2. Exprimons la distance de Pluton au Soleil en mètres :

$5{,}91 \times 10^9$ km = $5{,}91 \times 10^9 \times 10^3$ m = $\mathbf{5{,}91 \times 10^{12}}$ **m**.

3. Exprimons la distance de Pluton au Soleil en années-lumière :

$$5{,}91 \times 10^{12}\ \text{m} = \frac{5{,}91 \times 10^{12}}{9{,}46 \times 10^{15}}\ \text{al} = \mathbf{6{,}25 \times 10^{-4}\ al}.$$

4. Exprimons la distance de Charon à Pluton en kilomètres :

$1{,}718 \times 10^7$ m = $1{,}718 \times 10^7 \times 10^{-3}$ km = $\mathbf{1{,}718 \times 10^4}$ **km**

5. Exprimons la distance de Pluton à Charon en UA :

$$1{,}718 \times 10^7\ \text{m} = \frac{1{,}718 \times 10^7}{1{,}50 \times 10^{11}}\ \text{UA} = \mathbf{1{,}15 \times 10^{-4}\ UA}.$$

Pour vérifier que tu as compris ▸ Exercices 1 et 2
Pour t'entraîner ▸ Exercices 3 à 6
Pour préparer le brevet ▸ Exercices 7 à 10

Se tester QUIZ

Vérifie que tu as bien compris les points clés des **fiches 13 à 15.**

Pour chaque question, vérifie ta réponse à l'aide du corrigé et consulte les fiches de cours si nécessaire.

1 Connaître la composition de la matière dans l'Univers

→ RÉVISE LES FICHES 13 ET 14

1. Dans un noyau de carbone de formule ${}^{14}_{6}C$, on trouve :

- ☐ **a.** 14 neutrons et 6 protons
- ☐ **b.** 6 protons et 8 neutrons
- ☐ **c.** 8 protons et 6 neutrons

2. Lors d'une transformation chimique, les atomes d'une même colonne de la classification périodique réagiront différemment :

- ☐ **a.** Vrai
- ☐ **b.** Faux

3. Dans la classification périodique :

- ☐ **a.** le carbone C et l'oxygène O appartiennent à la même famille chimique
- ☐ **b.** l'azote N et le phosphore P appartiennent à la même famille chimique

2 Connaître la structure de l'Univers

→ RÉVISE LA FICHE 15

1. La valeur de l'année-lumière en kilomètres est égale à :

- ☐ **a.** $1{,}50 \times 10^{8}$
- ☐ **b.** $9{,}46 \times 10^{12}$
- ☐ **c.** $9{,}46 \times 10^{15}$

2. Lors de la dilatation de l'Univers :

- ☐ **a.** sa température a diminué
- ☐ **b.** sa température a augmenté

S'entraîner

Vérifie que tu sais appliquer les méthodes des **fiches 13 à 15.**

Pour chaque exercice, consulte la méthode indiquée et compare ta réponse à celle donnée dans le corrigé.

3 Un alliage en aéronautique

→ APPLIQUE LA MÉTHODE DE LA FICHE 13

Un alliage est un mélange dans lequel un métal est combiné à d'autres éléments chimiques pour créer un matériau aux propriétés particulières. En aéronautique, les alliages utilisés sont faits à base d'aluminium Al ($Z = 13$) combiné à du cuivre Cu ($Z = 26$) et à du zinc Zn ($Z = 30$).

1. Le nombre de masse *A* du noyau d'aluminium est égal à 27. Trouver la composition de celui-ci.

2. Trouver la composition du noyau de cuivre, sachant que son symbole est ${}^{63}_{26}\mathrm{Cu}$.

3. Le noyau de zinc possède 38 neutrons. Quel est son symbole ?

4 Utilisation de la classification périodique

→ APPLIQUE LA MÉTHODE DE LA FICHE 14

Voici un extrait de la classification périodique des éléments chimiques.

	1	2	3	4	5	6	7	8	9	10	11	12	13	14	15	16	17	18
1	1 H																	2 He
2	3 Li	4 Be											5 B	6 C	7 N	8 O	9 F	10 Ne
3	11 Na	12 Mg											13 Al	14 Si	15 P	16 S	17 Cl	18 Ar
4	19 K	20 Ca	21 Sc	22 Ti	23 V	24 Cr	25 Mn	26 Fe	27 Co	28 Ni	29 Cu	30 Zn	31 Ga	32 Ge	33 As	34 Se	35 Br	36 Kr

1. Trouver le numéro atomique *Z* de l'atome de bore (B).

2. En justifiant, choisir la liste des atomes appartenant à la même famille que l'atome d'oxygène ($Z = 8$) :
- liste 1 : aluminium (Al) et gallium (Ga) ;
- liste 2 : magnésium (Mg) et calcium (Ca) ;
- liste 3 : soufre (S) et sélénium (Se) ;
- liste 4 : azote (N) et fluor (F).

3. Rechercher un atome qui répond aux critères suivants :
- il possède un numéro atomique plus grand que celui de l'argon Ar ;
- il possède des propriétés chimiques similaires à celles du fluor F.

5 Planète tellurique contre planète gazeuse

→ APPLIQUE LA MÉTHODE DE LA FICHE 15

Une planète tellurique se distingue d'une planète gazeuse par le fait qu'elle possède une croute solide.
Mercure est une planète tellurique. C'est la planète la plus proche du Soleil. Elle se trouve à une distance du Soleil égale à $5{,}79 \times 10^7$ km du Soleil.
Neptune est une planète gazeuse. C'est la planète la plus éloignée du Soleil. Elle se trouve à une distance égale à 29,9 UA du Soleil.

1. Trouver la distance Soleil-Mercure en unités astronomiques.
2. Trouver la distance Soleil-Neptune en kilomètres.

3. Combien de fois Neptune est-elle plus éloignée du Soleil que Mercure ?

6 Une étoile tournant autour d'une autre

→ APPLIQUE LA MÉTHODE DE LA FICHE 15

Epsilon Indi A est une étoile de la constellation de l'Indien de type naine orange. Elle est située à 11,8 al de la Terre. On a découvert en 2003 une autre étoile de type naine brune, Epsilon Indi B, qui gravite autour de la première à une distance égale à $1{,}5 \times 10^3$ UA.

1. À quelle distance en kilomètres se trouve Epsilon Indi A de la Terre ?

2. Donner la distance précédemment trouvée en mètres.

3. À quelle distance l'une de l'autre, exprimée en kilomètres, se trouvent les deux étoiles ?

Vers le brevet

Exerce-toi en vue du brevet et révise les **fiches 13 à 15.**

Pour chaque sujet, aide-toi des conseils donnés et compare ta réponse à celle donnée dans le corrigé.

SUJET TYPE

7 Étude du fonctionnement du Soleil

10 min

→ APPLIQUE LA MÉTHODE DES FICHES 13 ET 14

L'énergie du Soleil provient essentiellement des noyaux d'hydrogène qu'il contient. Quatre noyaux d'hydrogène se transforment au cours d'une réaction de fusion nucléaire en un noyau d'hélium avec un dégagement d'énergie.

1. Le symbole du noyau d'hydrogène est $^{1}_{1}H$. Trouver sa composition en protons et en neutrons.

2. Le Soleil possède une atmosphère appelée héliosphère contenant entre autres des noyaux de sodium $^{23}_{11}Na$ et de potassium $^{40}_{19}K$.

a. Quel est le numéro atomique du sodium ?

b. Combien de nucléons contient le noyau de potassium ?

c. Combien de neutrons contient le noyau de sodium ?

Démarrons ensemble

1. Utilise la formule $N = A - Z$.

SUJET TYPE

8 Le Soleil et son environnement

10 min

→ APPLIQUE LA MÉTHODE DES FICHES 13 ET 15

Parmi les planètes du Système solaire, Neptune est la plus éloignée du Soleil. Elle se trouve à une distance du Soleil égale à $4{,}5 \times 10^9$ km. L'étoile la plus proche du Soleil est Proxima, située à près de 4 années-lumière.

1. Quelle est la distance entre le Soleil et Neptune en unités astronomiques (UA) ?

2. Quelle est la distance entre le Soleil et Proxima en kilomètres ?

3. On trouve dans l'atmosphère du Soleil des noyaux de carbone dont le symbole est ${}^{12}_{6}C$. Dans celle de Proxima, on trouve également des noyaux de carbone possédant 6 protons et 6 neutrons.

a. Quelle est la composition en protons et neutrons du noyau de carbone dans le Soleil ?

b. Quel est le symbole du noyau de carbone sur Proxima ?

c. Que peut-on conclure lorsqu'on compare les noyaux de carbone du Soleil et de Proxima ?

Démarrons ensemble

1. Utilise la relation de proportionnalité entre kilomètres et unités astronomiques.

2. Utilise la relation de proportionnalité entre kilomètres et années-lumière.

3. Le nombre indiqué en exposant du symbole d'un atome correspond au nombre de nucléons qu'il contient, le nombre en indice correspond au nombre de protons. Les nucléons sont constitués des protons et des neutrons.

TYPE

9 Le carbone sur Terre et dans l'Univers

30 min

→ APPLIQUE LA MÉTHODE DES FICHES 13 ET 15

L'élément carbone joue un grand rôle sur Terre dans la chimie du vivant et les échanges biochimiques entre les océans, l'atmosphère et la croute terrestre. Il joue aussi un rôle majeur dans le fonctionnement de certaines étoiles appelées géantes rouges.

Document 1 Les isotopes du carbone

On trouve deux isotopes du carbone sur Terre : le carbone 12 et le carbone 13. Leur différence se situe au niveau de la composition de leur noyau : les noyaux de carbone 12 et 13 possèdent le même nombre de protons et un nombre de neutrons différents. Le nombre de masse A du carbone 12 est égal à 12 tandis que celui du carbone 13 est égal à 13.

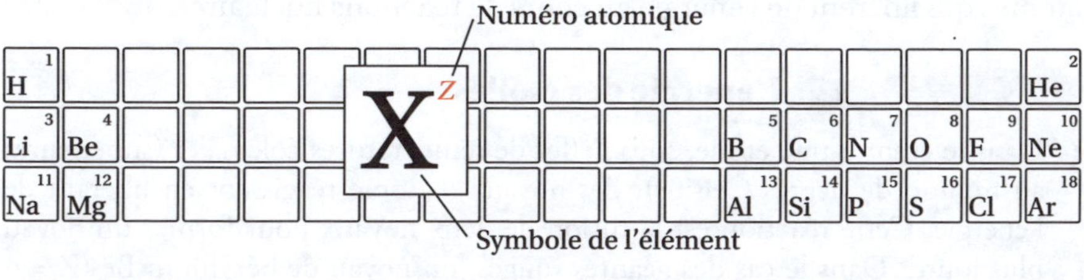

Document 2 Les étoiles carbonées

« Les étoiles carbonées sont des étoiles géantes rouges dont l'enveloppe externe est riche en carbone. Elles émettent une lumière rouge ce qui en fait un objet céleste très apprécié des astronomes amateurs. Parmi ces étoiles Antarès et Bételgeuse sont parmi les plus connues.
Bételgeuse est situé à 643 années-lumière de la Terre et son diamètre est égal à 1 000 fois celui du Soleil (qui est égal à $1{,}4 \times 10^6$ km). Antares est à une distance égale à $5{,}71 \times 10^{15}$ km de la Terre.

1. À l'aide du document 1, trouver le numéro atomique Z du carbone.
2. Quelle est la composition du noyau de l'atome de carbone 13 ?
3. Le carbone 12 et le carbone 13 appartiennent-ils au même élément chimique ?
4. Un chimiste affirme que le silicium aurait très bien pu avoir un rôle similaire au carbone. A-t-il raison ou tort ?
5. Calculer la distance en kilomètres qui nous sépare de Bételgeuse.
6. Quelle est la distance en années-lumière entre la Terre et Antares ?
7. Calculer le diamètre de Bételgeuse en mètres.
8. Le diamètre d'Antares est égal à $1{,}23 \times 10^9$ km. Combien de fois ce diamètre est-il plus grand que celui du Soleil ?

Démarrons ensemble

3. Rappelle-toi du point commun entre toutes les entités chimiques appartenant au même élément chimique.
5. Convertis la distance en kilomètres : 1 al = $9{,}46 \times 10^{12}$ km.
6. Convertis la distance en années-lumière : 1 km = $1 / (9{,}46 \times 10^{12})$ al.
7. Utilise le document 2 et pense à convertir en mètres : 1 km = 1×10^3 m.

SUJET TYPE

10 Des noyaux pour créer de l'énergie

30 min

→ APPLIQUE LA MÉTHODE DES FICHES 13 À 15

L'énergie rayonnante libérée par les étoiles, ainsi que l'énergie électrique produite par une centrale nucléaire ont pour origine les noyaux de certains atomes qui libèrent de l'énergie au cours de réactions nucléaires.

Document 1 L'énergie des étoiles

« Dans le cœur d'une étoile, sous l'effet de températures colossales (supérieures au million de degrés Celsius), des noyaux d'atome réagissent en libérant de l'énergie. Cette réaction est la fusion de deux noyaux pour former un noyau plus lourd. Dans le cas des géantes rouges, un noyau de béryllium Be (Z = 4 et A = 8) fusionne avec un noyau d'hélium He (de symbole $^{4}_{2}He$) pour donner un noyau de carbone possédant 12 nucléons. C'est ce qui se passe au cœur d'Aldébaran, une géante rouge située à 65 al de la Terre. Son diamètre est environ égal à $6{,}1 \times 10^{7}$ km.

Document 2 Le fonctionnement d'une centrale nucléaire

« Dans une centrale nucléaire, des noyaux d'uranium (Z = 92 et A = 235) subissent des réactions de fission. Sous l'impact d'un neutron, un noyau d'uranium 235 est scindé en deux noyaux plus légers : le strontium Sr (Z = 38) et le xénon Xe (Z = 54). L'énergie dégagée permet ensuite de chauffer l'eau contenue dans un générateur de vapeur, combiné à une turbine solidaire d'un alternateur qui produit du courant électrique.

1. Écrire le symbole du noyau de béryllium.

2. Déterminer la composition du noyau d'hélium.

3. Sachant que le noyau de carbone possède 6 neutrons, quel est son numéro atomique Z ?

4. À quelle distance, en kilomètres, se trouve Aldébaran de la Terre ?

5. Trouver le diamètre en unités astronomiques (UA) de l'étoile Aldébaran.

6. Sachant que le diamètre du Soleil est égal à $1{,}4 \times 10^{6}$ km, de combien de fois le diamètre d'Aldébaran est-il plus grand ?

7. Trouver la composition du noyau d'uranium 235.

8. Voici un extrait de la classification périodique :

1	2	3	4	5	6	7	8	9	10	11	12	13	14	15	16	17	18
19 K	20 Ca	21 Sc	22 Ti	23 V	24 Cr	25 Mn	26 Fe	27 Co	28 Ni	29 Cu	30 Zn	31 Ga	32 Ge	33 As	34 Se	35 Br	36 Kr
37 Rb	38 Sr	39 Y	40 Zr	41 Nb	42 Mo	43 Tc	44 Ru	45 Rh	46 Pd	47 Ag	48 Cd	49 In	50 Sn	51 Sb	52 Te	53 I	54 Xe
55 Cs	56 Ba		72 Hf	73 Ta	74 W	75 Re	76 Os	77 Ir	78 Pt	79 Au	80 Hg	81 Ti	82 Pb	83 Bi	84 Po	85 At	86 Rn

Est-ce que le rubidium Rb ($Z = 37$) possède les mêmes propriétés chimiques que le strontium ($Z = 38$) ?

9. Trouver les éléments chimiques appartenant à la même famille que le xénon ($Z = 54$).

Démarrons ensemble

1., 2. et **3.** Utilise le document 1.

4. et **5.** Choisis la bonne conversion.

6. Calcule le diamètre le plus grand divisé par le diamètre le plus petit.

Se tester QUIZ

1 **1. Réponse b.**

2. Réponse b.

3. Réponse b.

2 **1. Réponse b.**

2. Réponse a.

S'entraîner

3 **1.** Le noyau d'aluminium possède **13 protons** (car $Z = 13$) et **14 neutrons** (car $A - Z = 27 - 13 = 14$).

2. Le symbole du cuivre est $^{63}_{26}Cu$.

On en déduit que $A = 63$ et $Z = 26$.

Le noyau de cuivre possède **26 protons** (car $Z = 26$) et **37 neutrons** (car $A - Z = 63 - 26 = 37$).

3. Le numéro atomique est $Z = 30$.

Le nombre de masse est $A = 38 + 30 = 68$.

On en déduit que le symbole du zinc est $^{68}_{30}\mathbf{Zn}$.

> **Rappel**
> Le **nombre de masse *A*** est égal au nombre de nucléons, c'est-à-dire les protons plus les neutrons.

4 **1.** D'après la classification, on trouve, comme numéro atomique : **$Z = 5$**.

2. Les atomes appartenant à la même famille que l'atome d'oxygène ($Z = 8$) sont ceux placés dans la même colonne, c'est-à-dire la **liste 3** : soufre (S) et sélénium (Se).

3. Recherchons un atome qui répond aux critères suivants :
– il possède un numéro atomique plus grand que celui de l'argon Ar donc $Z > 18$;
– il possède des propriétés chimiques similaires à celles du fluor F donc il est dans la même colonne que le fluor.

On en déduit que cet atome est le **brome** de symbole **Br**.

5 **1.** Déterminons la distance Soleil-Mercure en unités astronomiques :

$$5{,}79 \times 10^7 \text{ km} = \frac{5{,}79 \times 10^7}{1{,}50 \times 10^8} \text{ UA} = \mathbf{0{,}386\ UA}$$

2. Déterminons la distance Soleil-Neptune en kilomètres :

$$29{,}9 \text{ UA} = 29{,}9 \times 1{,}50 \times 10^8 \text{ km} = \mathbf{4{,}49 \times 10^9\ km}$$

3. $\frac{29{,}9}{0{,}386} = \frac{4{,}49 \times 10^9}{5{,}79 \times 10^7} = 77{,}5$

Neptune est **77,5 fois** plus éloignée du Soleil que Mercure.

6 **1.** Déterminons, en kilomètres, la distance à laquelle se trouve Epsilon Indi A de la Terre :

$11{,}8\ \text{al} = 11{,}8 \times 9{,}46 \times 10^{12}\ \text{km} = \mathbf{1{,}12 \times 10^{14}\ km}$.

2. Déterminons la distance précédemment trouvée en mètres :

$1{,}12 \times 10^{14}\ \text{km} = 1{,}2 \times 10^{14} \times 10^{3}\ \text{m} = \mathbf{1{,}12 \times 10^{17}\ m}$.

3. La distance entre les deux étoiles est égale à :

$1{,}5 \times 10^{3}\ \text{UA} = 1{,}5 \times 10^{3} \times 1{,}50 \times 10^{8}\ \text{km} = \mathbf{2{,}25 \times 10^{11}\ km}$.

Vers le brevet

7 **1.** Le noyau d'hydrogène est composé d'**un proton** et de **zéro neutron**.

2. Le numéro atomique du sodium est $\mathbf{Z = 11}$.

3. Le noyau de potassium contient **40 nucléons**.

4. Le noyau de sodium contient $N = 23 - 11 = \mathbf{12\ neutrons}$.

> **À noter**
> Pour calculer le nombre de neutrons N d'un noyau $^{A}_{Z}X$, utilise la formule : $N = A - Z$.

8 **1.** Distance Soleil-Neptune : $\dfrac{4{,}5 \times 10^{9}}{1{,}50 \times 10^{8}} = \mathbf{30\ UA}$.

2. Distance Soleil-Proxima : $9{,}46 \times 10^{12} \times 4{,}0 = \mathbf{3{,}8 \times 10^{13}\ km}$.

3. a. Le noyau de carbone dans le Soleil possède **6 protons** et **6 neutrons**.

b. Le symbole du noyau de carbone sur Proxima est $\mathbf{^{12}_{6}C}$.

c. Les noyaux de carbone du Soleil et de Proxima sont **identiques**.

9 **1.** Le numéro atomique Z du carbone est égal à **6**.

2. Le noyau de l'atome de carbone 13 possède **6 protons** (car $Z = 6$) et **7 neutrons** (car $A - Z = 13 - 6 = 7$).

3. Oui. Le carbone 12 et le carbone 13 appartiennent au même élément chimique car ils possèdent le même numéro atomique $Z = 6$.

4. Il a raison car le silicium se trouve dans la même colonne que le carbone et des éléments se trouvant dans la même colonne possèdent des propriétés chimiques similaires.

5. Calculons la distance en kilomètres qui nous sépare de Bételgeuse :

$643\ \text{al} = 643 \times 9{,}46 \times 10^{12}\ \text{km} = \mathbf{6{,}08 \times 10^{15}\ km}$.

> **Rappel**
> $1\ \text{al} = 9{,}46 \times 10^{12}\ \text{km}$.

6. La distance en années-lumière entre la Terre et Antares est égale à :

$5{,}71 \times 10^{15}\ \text{km} = \dfrac{5{,}71 \times 10^{15}}{9{,}46 \times 10^{12}}\ \text{al} = \mathbf{604\ al}$

7. Calculons le diamètre de Bételgeuse en mètres :

$d_{\text{Betelgeuse}} = 1\,000 \times d_{\text{Soleil}} = 1\,000 \times 1{,}4 \times 10^{6} = 1{,}4 \times 10^{9}\ \text{km} = \mathbf{1{,}4 \times 10^{12}\ m}$.

8. Calculons le nombre de fois que le diamètre d'Antares est plus grand que celui du Soleil :

$$\frac{1{,}23\times10^9}{1{,}4\times10^6}=879$$

Le diamètre d'Antares est **879 fois plus grand** que celui du Soleil.

Méthode
Il faut diviser le plus grand des diamètres par le plus petit.

10 **1.** Le symbole du noyau de béryllium est ${}^{8}_{4}\mathrm{Be}$.

Rappel
Le **symbole du noyau** d'un atome X s'écrit ${}^{A}_{Z}\mathrm{X}$.

2. D'après le symbole du noyau, on trouve $A = 4$ et $Z = 2$.

Le noyau de l'atome d'hélium possède **2 protons** (car $Z = 2$) et **2 neutrons** (car $A - Z = 4 - 2 = 2$).

3. Le noyau de carbone possède 12 nucléons et sachant qu'il possède 6 neutrons, on trouve son nombre de protons : 12 – 6 = 6.

Son numéro atomique est donc $\mathbf{Z = 6}$.

4. La distance en kilomètres à laquelle se trouve Aldébaran de la Terre est :

$65\ \text{al} = 65\times9{,}46\times10^{12}\ \text{km} = \mathbf{6{,}15\times10^{14}\ km}$.

5. Trouvons le diamètre en unités astronomiques (UA) de l'étoile Aldébaran :

$$6{,}1\times10^7\ \text{km}=\frac{6{,}1\times10^7}{1{,}50\times10^8}\ \text{UA}=\mathbf{0{,}41\ UA}.$$

Rappel
1 UA = $1{,}50\times10^8$ km.

6. Calculons le nombre de fois que le diamètre d'Aldébaran est plus grand que celui du Soleil :

$$\frac{6{,}1\times10^7}{1{,}4\times10^6}=44$$

Le diamètre d'Aldébaran est **44 fois plus grand** que celui du Soleil.

7. Le noyau d'uranium 235 possède le numéro atomique et le nombre de masse suivants : $Z = 92$ et $A = 235$.

Il possède donc **92 protons** et **143 neutrons** (car 235 – 92 = 143).

8. Le rubidium Rb ($Z = 37$) **ne possède pas les mêmes propriétés chimiques** que le strontium car ils ne sont pas dans la même colonne : le rubidium est dans la première colonne et le strontium dans la deuxième.

9. Les éléments chimiques appartenant à la même famille que le xénon ($Z = 54$) se trouvent dans la même colonne, c'est-à-dire la dix-huitième : le **krypton** de symbole Kr ($Z = 36$) et le **radon** de symbole Rn ($Z = 86$).

Études des mouvements des systèmes

FICHES

EXERCICES & SUJETS

CORRIGÉS

16 Identifier les différents types de mouvements

Que ce soit à la surface de la Terre ou au sein du Système solaire, on observe une multitude d'objets dont les mouvements sont très différents les uns des autres. On peut cependant regrouper tous ces mouvements en quelques types bien identifiés.

RETENIR L'ESSENTIEL

I Étude d'un mouvement

L'étude d'un mouvement doit se faire en plusieurs étapes :

1. Définir précisément le **système** en mouvement que l'on étudie.

2. Définir le **référentiel** d'étude : il s'agit d'un solide de référence par rapport auquel on étudiera le mouvement (la surface de la Terre, le Soleil…).

Exemple : étude du mouvement d'un ballon de foot par rapport au gardien.

3. Identifier la **trajectoire** du système : il s'agit du chemin suivi par le système en mouvement.

4. Identifier l'évolution de la **vitesse** du système au cours du mouvement.

Exemple : lors d'un coup franc, le ballon de foot a souvent une trajectoire parabolique et sa vitesse augmente au cours de son mouvement.

II Les différents types de mouvements

- La trajectoire du système est modélisée par une courbe qui permet de classer les différents mouvements selon l'allure de cette courbe.

Type de trajectoire	Droite	Cercle	Courbe quelconque
Type de mouvement	Rectiligne	Circulaire	Curviligne

- L'évolution de la vitesse permet également d'identifier des mouvements particuliers.

Évolution de la vitesse	La vitesse augmente	La vitesse diminue	La vitesse est constante
Type de mouvement	Accéléré	Décéléré	Uniforme

III La relativité du mouvement

Un même système étudié dans deux référentiels différents n'aura pas le même mouvement perçu.

Exemple : le mouvement de la Lune est perçu différemment selon qu'on l'étudie par rapport au Soleil (curviligne et uniforme) ou par rapport au centre de la Terre (circulaire et uniforme).

APPLIQUER LA MÉTHODE

Déterminer les caractéristiques d'un mouvement

Les deux schémas ci-dessous représentent un Grand prix de formule 1. Sur le schéma **a**, il s'agit du départ de la course où les bolides sont en accélération. Sur le schéma **b**, les formules 1 abordent un virage à vitesse réduite et constante.

a

b

Quel est le type de mouvement des voitures dans chacune des deux situations ?

Conseils

- Identifie le type de trajectoire de la voiture.
- Identifie le sens d'évolution de la vitesse de la voiture.

Solution

- Dans la situation 1, la trajectoire des bolides est une portion de droite et leur vitesse augmente.

On en déduit que le mouvement est **rectiligne et accéléré**.

- Dans la situation 2, la trajectoire des bolides est une portion de cercle et leur vitesse reste constante.

On en déduit que le mouvement est **circulaire et uniforme**.

Pour vérifier que tu as compris ▸ Exercices 1 à 3
Pour t'entraîner ▸ Exercices 4 et 5
Pour préparer le brevet ▸ Exercices 6 à 8

17 Étudier la vitesse d'un système

Pour un objet en mouvement, le calcul de sa vitesse et l'étude de son évolution font partie des fondements de l'analyse du mouvement.

RETENIR L'ESSENTIEL

I Les caractéristiques de la vitesse

- La vitesse possède deux caractéristiques : sa **valeur** (appelée aussi module) et sa **direction**.
- Sa valeur s'exprime en **mètres par seconde ($m \cdot s^{-1}$)**, mais aussi dans d'autres unités telles que le kilomètre par seconde ($km \cdot s^{-1}$) ou le kilomètre par heure ($km \cdot h^{-1}$).
- La direction de la vitesse nous est donnée par la courbure de la trajectoire et le sens du mouvement.

> **À noter**
> **Conversions utiles** :
> 1 $m \cdot s^{-1}$ = 3,6 $km \cdot h^{-1}$ et 1 $km \cdot s^{-1}$ = 1 000 $m \cdot s^{-1}$.

Exemple : on représente la direction de la vitesse par une flèche rouge en différents points de la trajectoire pour un mouvement circulaire et pour un mouvement rectiligne.

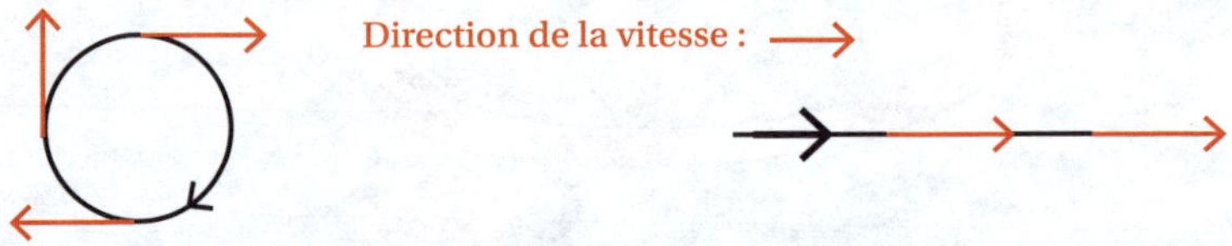

- Dans un mouvement circulaire, la vitesse change de direction à chaque instant, tandis que dans un mouvement rectiligne, elle garde toujours la même direction.

II La formule de la vitesse

- Pour un mouvement uniforme, la valeur de la vitesse moyenne v peut être calculée si l'on connaît la distance parcourue d et la durée Δt mise pour la parcourir :

$$v = \frac{d}{\Delta t}$$

- L'unité de la vitesse est le mètre par seconde ($m \cdot s^{-1}$), celle de la distance est le mètre (m) et celle de la durée est la seconde (s).
- On peut aussi utiliser cette formule sous une autre forme pour calculer une distance parcourue ou une durée ;

calcul d'une distance d :

$$d = v \times \Delta t$$

calcul d'une durée Δt :

$$\Delta t = \frac{d}{v}$$

APPLIQUER LA MÉTHODE

Calculer la vitesse d'un objet en mouvement

Le sprinter jamaïcain Usain Bolt est l'actuel recordman du monde du 100 m et du 200 m. Il a parcouru les 100 mètres en 9,58 s et les 200 mètres en 19,19 s.

1. Calculer sa vitesse sur cent mètres en mètres par seconde et sa vitesse sur deux cents mètres en kilomètres par heure.

2. Quelle distance en mètres aurait parcouru le sprinter s'il avait couru pendant 10 minutes avec une vitesse égale à celle sur cent mètres ?

3. Quel temps met le sprinter pour parcourir 25 mètres sur l'épreuve de cent mètres ?

Conseils

1. Applique la formule de la vitesse.
Convertis la distance ou la durée dans la bonne unité avant d'effectuer le calcul de la vitesse.
2. Transforme la formule de la vitesse de façon à pouvoir calculer la distance.
3. Transforme la formule de la vitesse de façon à pouvoir calculer la durée.

Solution

1. On applique la formule $v = \dfrac{d}{\Delta t}$.

Pour la première vitesse on a $v = \dfrac{100}{9{,}58} = \mathbf{10{,}4\ m{\cdot}s^{-1}}$.

Pour la seconde vitesse, on procède à des conversions avant de faire le calcul : $d = 200\ \text{m} = 0{,}200\ \text{km}$.

$\Delta t = 19{,}19\ \text{s} = \dfrac{19{,}19}{3\,600}\ \text{h}$ car $1\ \text{s} = \dfrac{1}{3\,600}\ \text{h}$.

On a donc $v = \dfrac{0{,}200}{19{,}19} \times 3\,600 = \mathbf{37{,}5\ km \cdot h^{-1}}$.

2. On transforme la formule : $v = \dfrac{d}{\Delta t} \Leftrightarrow d = v \times \Delta t$.

On convertit la durée en seconde : $\Delta t = 10\ \text{min} = 10 \times 60\ \text{s} = 600\ \text{s}$.

$d = 10{,}4 \times 600 = \mathbf{6\,240\ m}$.

3. On transforme la formule : $v = \dfrac{d}{\Delta t} \Leftrightarrow \Delta t = \dfrac{d}{v} = \dfrac{25}{10{,}4} = \mathbf{2{,}40\ s}$.

Pour vérifier que tu as compris ▸ Exercices 1 à 3

Pour t'entraîner ▸ Exercices 4 et 5

Pour préparer le brevet ▸ Exercices 6 à 8

Se tester QUIZ

Vérifie que tu as bien compris les points clés des **fiches 16 à 17.**

Pour chaque question, vérifie ta réponse à l'aide du corrigé et consulte les fiches de cours si nécessaire.

1 Savoir étudier un mouvement

→ RÉVISE LA FICHE 16

1. Pour un système en mouvement rectiligne et décéléré :

☐ **a.** sa trajectoire est un cercle

☐ **b.** sa vitesse augmente

☐ **c.** sa vitesse diminue

2. La vitesse est constante pour un mouvement uniforme :

☐ **a.** Vrai

☐ **b.** Faux

3. Si la vitesse est constante et la trajectoire est un cercle, alors :

☐ **a.** le mouvement est curviligne et uniforme

☐ **b.** le mouvement est circulaire et uniforme

2 Connaître les caractéristiques de la vitesse

→ RÉVISE LES FICHES 16 ET 17

1. La valeur d'une vitesse égale à $3{,}0\ \text{m}\cdot\text{s}^{-1}$ peut aussi s'exprimer :

☐ **a.** $10{,}8\ \text{km}\cdot\text{h}^{-1}$

☐ **b.** $0{,}83\ \text{km}\cdot\text{h}^{-1}$

☐ **c.** $0{,}003\ \text{km}\cdot\text{s}^{-1}$

2. La direction de la vitesse ne change pas pour :

☐ **a.** un mouvement rectiligne

☐ **b.** un mouvement circulaire

3 Connaître la relation entre distance, durée et vitesse

→ RÉVISE LA FICHE 17

La relation permettant de calculer la distance parcourue à partir de la durée et la vitesse est :

☐ **a.** $d = \dfrac{\Delta t}{v}$

☐ **b.** $d = v \times \Delta t$

☐ **c.** $d = \dfrac{v}{\Delta t}$

S'entraîner

Vérifie que tu sais appliquer les méthodes des **fiches 16 à 17.**

Pour chaque exercice, consulte la méthode indiquée et compare ta réponse à celle donnée dans le corrigé.

4 Un automobiliste à Paris

→ APPLIQUE LA MÉTHODE DE LA FICHE 16

On a suivi un automobiliste lors d'un de ses trajets dans Paris et on a relevé certains éléments de son parcours dans le tableau suivant.

Compléter les trois dernières colonnes du tableau où il faut préciser la trajectoire, l'évolution de la vitesse puis le type de mouvement pour chacune des portions de parcours.

Parcours	Trajectoire	Évolution de la vitesse	Type de mouvement
Ligne droite de l'avenue des Champs-Élysées à 50 km · h^{-1}			
Virage circulaire autour de l'Arc de triomphe à 30 km · h^{-1}			
Arrivée devant un feu rouge, avenue du Maréchal-Foch			
Départ au feu vert, avenue du Maréchal-Foch			

5 Le record du monde de l'heure

→ APPLIQUE LA MÉTHODE DE LA FICHE 17

Le record du monde de l'heure en vélo est détenu par le cycliste anglais Bradley Wiggins depuis juin 2016.

Il s'agit d'une épreuve individuelle de cyclisme sur piste où il faut parcourir la plus grande distance pendant une durée égale à une heure.

Le champion anglais a parcouru une distance égale à 54,526 km.

1. Calculer la vitesse de Bradley Wiggins en kilomètres par heure.

2. Calculer la vitesse de Bradley Wiggins en mètres par seconde.

3. Le cycliste anglais avait comme objectif d'atteindre la barre des 55 km parcourus.
À quelle vitesse en kilomètres par heure aurait-il dû rouler pour réussir ?

Vers le brevet

Exerce-toi en vue du brevet et révise les **fiches 16 à 17.**

Pour chaque sujet, aide-toi des conseils donnés et compare ta réponse à celle donnée dans le corrigé.

SUJET TYPE 6 — 20 min — Étude du mouvement de la Terre dans le Système solaire

→ APPLIQUE LA MÉTHODE DE LA FICHE 17

Le mouvement de la Terre autour du Soleil est un mouvement circulaire et uniforme. La distance entre la Terre et le Soleil est égale à $1{,}50 \times 10^{11}$ m.

1. Trouver la valeur du rayon R de la trajectoire de la Terre autour du Soleil.

2. Sachant que le périmètre P d'un cercle a pour expression $P = 2 \times \pi \times R$, calculer le périmètre P_T associé à la trajectoire de la Terre.

3. La Terre effectue un tour complet autour du Soleil en 365,25 jours. On sait qu'un jour est équivalent à 86 400 secondes.

a. Calculer la durée Δt mise par la Terre pour effectuer un tour complet autour du Soleil, exprimée en secondes.

b. Calculer la vitesse moyenne v de la Terre, exprimée en $m \cdot s^{-1}$ puis en $km \cdot s^{-1}$.

c. Calculer la distance d parcourue par la Terre en un jour, en kilomètres.

SUJET TYPE 7 — 20 min — Étude du mouvement d'un parachutiste

→ APPLIQUE LA MÉTHODE DES FICHES 16 ET 17

Avant d'ouvrir son parachute, un parachutiste a un mouvement rectiligne et accéléré.

1. Par rapport à quoi doit-on étudier le mouvement du parachutiste ?

2. a. Comment évolue sa vitesse ?

b. Quelle est la forme de sa trajectoire ?

3. Après l'ouverture de son parachute, le parachutiste a un mouvement rectiligne et uniforme. Sa vitesse est alors égale à $30\ m \cdot s^{-1}$.

a. Comment évolue alors la vitesse du parachutiste ?

b. Quelle est la distance parcourue pendant une durée de 6,0 secondes ?

c. Sachant que la distance entre le parachutiste et le sol, au moment de l'ouverture du parachute, est égale à 2 400 m, quelle sera la durée du saut ?

SUJET TYPE 8 — 20 min — À l'assaut de la planète Mars

→ APPLIQUE LA MÉTHODE DES FICHES 16 ET 17

La planète Mars est l'un des prochains objectifs de la conquête spatiale. À l'horizon des années 2050, les différentes agences spatiales (NASA, ESA) envisagent d'y installer des bases permanentes. De nombreuses missions ont déjà été effectuées autour de cette planète et sur son sol dans le but de récolter un maximum de renseignements sur elle.

Document 1 Le mouvement de la planète Mars

La planète Mars est la quatrième planète tellurique de notre Système solaire, après Mercure, Vénus et la Terre. Son centre décrit autour du centre du Soleil, avec une vitesse constante, un cercle dont le rayon est égal à $2{,}28 \times 10^8$ km. La durée mise pour effectuer un tour complet est égale à 686,93 j. Sa distance maximale à la Terre est de $4{,}00 \times 10^8$ km et la distance minimale est de $5{,}60 \times 10^7$ km.

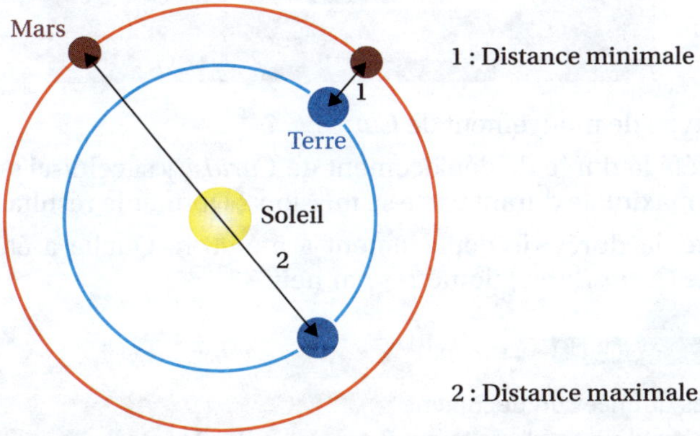

Document 2 Une mission sur Mars : Mars Exploration Rover

« En 2004, la NASA a réussi l'exploit de faire atterrir sur la planète Mars un robot Rover, nommé *Curiosity*, dont l'objectif est de se déplacer à la surface de la planète afin de recueillir un maximum d'informations grâce à toute une batterie de caméras et d'instruments de mesures. Ce robot à 6 roues est alimenté par l'énergie solaire et peut se déplacer à une vitesse maximale de $0{,}18\ \text{km}\cdot\text{h}^{-1}$. La mission de ce robot a duré jusqu'en 2010 et il a parcouru une distance totale de 7,730 km à la surface de Mars.

1. Quel est le type de mouvement du centre de Mars autour du Soleil ?

2. Calculer la distance en kilomètres parcourue par le centre de Mars après avoir bouclé un tour complet.

3. Déterminer la vitesse du centre de Mars le long de la trajectoire en kilomètres par seconde.

4. Si la vitesse d'une sonde spatiale habitée est égale à $11\ \text{km}\cdot\text{s}^{-1}$, quelle serait la durée minimale en secondes d'un voyage Terre-Mars ?

5. La durée d'un voyage Terre-Mars est estimée actuellement à 180 j. Quelle distance aura parcouru la sonde si elle se déplace à la vitesse de $11\ \text{km}\cdot\text{s}^{-1}$?

6. Voici sur le schéma suivant le déplacement (marqué par une flèche blanche) du robot Rover *Curiosity* se déplaçant à une vitesse égale à $0{,}10\ \text{km}\cdot\text{h}^{-1}$ à la surface de Mars.

Quel est le type de mouvement de *Curiosity* ?

7. Quelle a été la durée de déplacement de *Curiosity* si celui-ci s'est déplacé à sa vitesse maximale durant toute sa mission ? Donner le résultat en heures.

8. En réalité, la durée de déplacement a été 96 h. Quelle a été la vitesse moyenne de *Curiosity* en kilomètres par heure ?

Démarrons ensemble

1. Utilise les données du document 1.
2. Le périmètre d'un cercle de rayon R est égal à $P = 2 \times \pi \times R$.
3. Pense à convertir les années en secondes :
1 an = 365,25 j ; 1 j = 24 h ; 1 h = 60 min ; 1 min = 60 s.
7. Utilise les données du document 2.

Se tester QUIZ

1 **1. Réponse c.**

2. Réponse a.

3. Réponse b.

2 **1. Réponses a. et c.**

2. Réponse a.

3 **Réponse b.**

S'entraîner

4

Parcours	Trajectoire	Évolution de la vitesse	Type de mouvement
Ligne droite de l'avenue des Champs-Élysées à 50 km·h^{-1}	Portion de droite	Elle reste constante	Rectiligne et uniforme
Virage circulaire autour de l'Arc de triomphe à 30 km·h^{-1}	Portion de cercle	Elle reste constante	Circulaire et uniforme
Arrivée devant un feu rouge, avenue du Maréchal Foch	Portion de droite	Elle diminue	Rectiligne décéléré
Départ au feu vert avenue, du Maréchal Foch	Portion de droite	Elle augmente	Rectiligne accéléré

5 **1.** On applique la formule $v = \dfrac{d}{\Delta t}$.

On a $v = \dfrac{54{,}526}{1{,}0} = 54{,}526\ \text{km}\cdot\text{h}^{-1}$.

La vitesse de Bradley Wiggins est $v =$ **54,526 km·h^{-1}**.

2. On procède à des conversions avant de faire le calcul :

$d = 54{,}526\ \text{km} = 5{,}4526 \times 10^4\ \text{m}$.

$\Delta t = 1{,}0\ \text{h} = 3600\ \text{s}$.

On obtient alors $v = \dfrac{5{,}4526 \times 10^4}{3600} = 15{,}146\ \text{m}\cdot\text{s}^{-1}$.

La vitesse de Bradley Wiggins est **15,146 m·s^{-1}**.

3. On applique la formule $v = \dfrac{d}{\Delta t}$.

On a $v = \dfrac{55{,}0}{1{,}0} = 55{,}0\ \text{km}\cdot\text{h}^{-1}$.

Pour réussir, le cycliste anglais aurait dû rouler à **55,0 km·h^{-1}**.

Vers le brevet

6 **1.** La valeur du rayon R est égale à **$1,50 \times 10^{11}$ m.**

2. Le périmètre du cercle est égal à :

$P_T = 2 \times \pi \times R = 2 \times \pi \times 1,50 \times 10^{11} = \mathbf{9,42 \times 10^{11}}$ **m.**

3. a. Calcul de la durée Δt :

$\Delta t = 365,25 \times 86\,400 = \mathbf{3,155\ 76 \times 10^7}$ **s.**

b. Calcul de la vitesse moyenne, exprimée en $m \cdot s^{-1}$, puis en $km \cdot s^{-1}$:

$$v = \frac{P_T}{\Delta t} = \frac{9,42 \times 10^{11}}{3,155\,76 \times 10^7} = 2,99 \times 10^4\ m \cdot s^{-1} = \mathbf{29,9\ km \cdot s^{-1}}.$$

c. Calcul de la distance d parcourue en un jour, en kilomètres :

$d = v \times \Delta t = 29,9 \times 86\,400 = \mathbf{2,58 \times 10^6}$ **km.**

À noter
On multiplie le nombre de jours par le nombre de secondes par jour.

À noter
Utilise les valeurs non arrondies pour les calculs.

7 **1.** On doit étudier le mouvement du parachutiste par rapport **à la surface de la Terre**.

2. a. Le mouvement est accéléré, donc la vitesse **augmente**.

b. Le mouvement est rectiligne, donc sa trajectoire est **une droite**.

3. a. Le mouvement est uniforme, donc la vitesse du parachutiste est **constante**.

b. $d = v \times \Delta t = 30 \times 6,0 = \mathbf{180}$ **m.**

c. $\Delta t = \dfrac{2\,400}{30} = \mathbf{80}$ **s.**

À noter
Pour étudier le mouvement d'un système, il faut toujours choisir une référence. Ici, l'observateur est au sol, donc la référence est la Terre.

8 **1.** Le centre de Mars autour du Soleil a un **mouvement circulaire et uniforme**.

2. Calculons la distance en kilomètres parcourue par le centre de Mars après avoir effectué un tour complet :

$d = 2 \times \pi \times R = 2 \times \pi \times 2,28 \times 10^8 = \mathbf{1,43 \times 10^9}$ **km.**

3. On convertit la durée d'un tour complet en secondes :

686,93 j = $5,9351 \times 10^7$ s.

On applique la formule $v = \dfrac{d}{\Delta t}$.

On a $v = \dfrac{1,43 \times 10^9}{5,9351 \times 10^7} = 24,1\ km \cdot s^{-1}$.

La vitesse du centre de Mars le long de la trajectoire est **$24,1\ km \cdot s^{-1}$**.

Rappel
1 j = 24 h = 24 × 60 min = 24 × 60 × 60 = 86 400 s.

4. La durée minimale d'un voyage Terre-Mars correspondrait au cas où la Terre et Mars seraient séparées par la distance minimale :

$d_{mini} = 5{,}60 \times 10^7$ km

$v = 11\ \text{km} \cdot \text{s}^{-1}$

$v = \dfrac{d_{mini}}{\Delta t} \Leftrightarrow \Delta t = \dfrac{d_{mini}}{v}$.

On calcule $\Delta t = \dfrac{5{,}60 \times 10^7}{11} = \mathbf{5{,}1 \times 10^6\ s}$.

5. On convertit la durée du voyage en secondes : 180 j = $1{,}56 \times 10^7$ s.

On transforme la formule de la vitesse :

$v = \dfrac{d}{\Delta t} \Leftrightarrow d = v \times \Delta t$.

On calcule $d = 11 \times 1{,}56 \times 10^7 = \mathbf{1{,}7 \times 10^8\ km}$.

6. Le mouvement de *Curiosity* est **rectiligne uniforme**.

7. D'après le document 2 : $v_{max} = 0{,}18\ \text{km} \cdot \text{h}^{-1}$ et $d = 7{,}730$ km.

On transforme la formule de la vitesse :

$v_{maxi} = \dfrac{d}{\Delta t} \Leftrightarrow \Delta t = \dfrac{d}{v_{maxi}} = \dfrac{7{,}730}{0{,}18} = 43$ h.

La durée de déplacement de *Curiosity*, si celui-ci s'est déplacé à sa vitesse maximale, est de **43 h**.

8. On applique la formule $v = \dfrac{d}{\Delta t}$.

On a $v = \dfrac{7{,}730}{96} = 0{,}081\ \text{km} \cdot \text{h}^{-1}$.

La vitesse moyenne de *Curiosity* est **0,081 km·h⁻¹**.

Forces et mouvements

FICHES

EXERCICES & SUJETS

CORRIGÉS

18 Modéliser les actions par des forces

Tout système en mouvement ou non à la surface de la Terre, ou voyageant dans le Système solaire, est soumis à des actions.

RETENIR L'ESSENTIEL

I Définition d'une action

- Une action est une contrainte physique ou non, appliquée à un système qui va en ressentir les effets.
- Cette action est créée par une source, qui peut être au contact du système (**action de contact**) ou non (**action à distance**).

Exemple : le sol exerce sur les objets posés à sa surface une action de contact (réaction), tandis que la Terre exerce sur tous les corps une action à distance (gravitation).

II Caractéristiques d'une force

- Pour modéliser une action afin de pouvoir ensuite mesurer son effet sur un système, on définit une **force** $\vec{F}$ qui possède quatre caractéristiques : son **point d'application**, sa **droite d'action**, son **sens** et sa **valeur** (exprimée en **newtons N**).
- On représente une force par une **flèche** dont l'origine coïncide avec le point d'application, la droite d'action et le sens sont celles de la force, et la longueur est proportionnelle à la valeur de la force.

Attention !
On note une force en mettant une **flèche** sur la lettre majuscule symbolisant la force : par exemple, le poids $\vec{P}$, la réaction $\vec{R}$, la tension $\vec{T}$...

Exemple :
La force gravitationnelle exercée par la Terre sur la Lune :

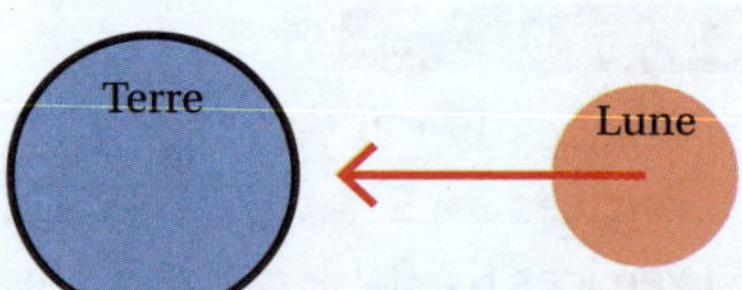

La force exercée par le sol sur un objet posé à sa surface :

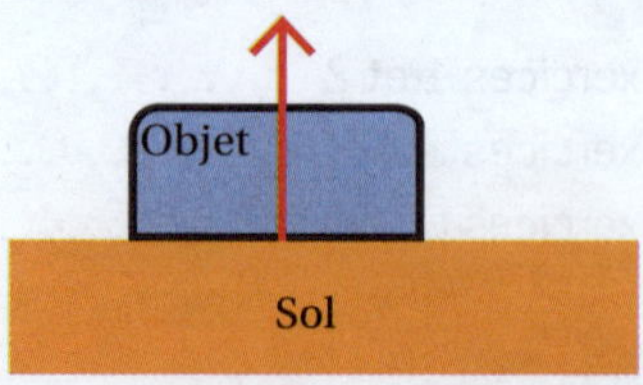

APPLIQUER LA MÉTHODE

Représenter une force appliquée à un objet

Le 12 juillet 1995, la sonde Galileo gravitant autour de la planète Jupiter a largué un module d'observation qui a plongé dans l'atmosphère de la planète. La force exercée par Jupiter sur Galileo a pour droite d'action la droite qui passe par le centre de Jupiter et le centre de Galileo ; la force exercée par Jupiter sur le module a pour droite d'action la droite qui passe par le centre de Jupiter et le centre du module.

Ces forces ont pour point d'application le centre du module et le centre de la sonde et sont dirigées vers le centre de Jupiter .

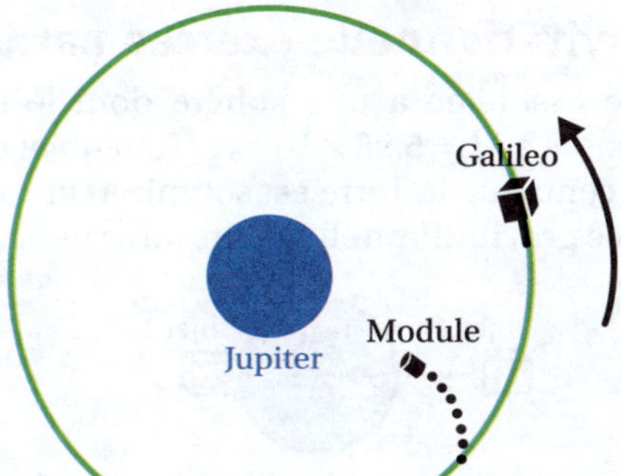

Représenter sur le schéma précédent la force exercée par Jupiter sur Galileo et celle exercée par Jupiter sur le module.

Conseils

- Souviens-toi qu'une force est représentée par une flèche.

Solution

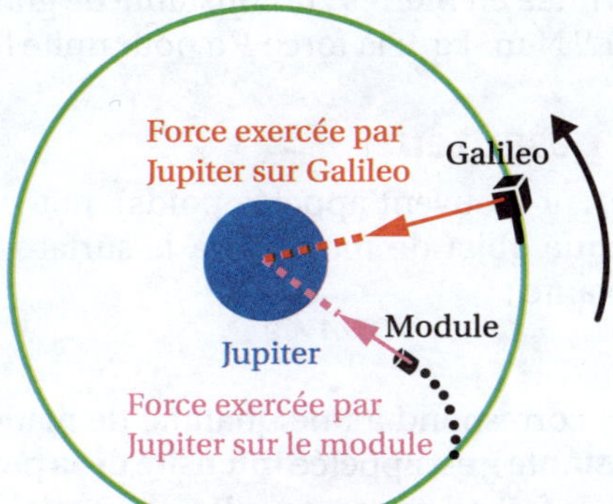

Pour vérifier que tu as compris ▶ Exercices 1 et 2
Pour t'entraîner ▶ Exercices 3 à 5
Pour préparer le brevet ▶ Exercices 6 à 9

19 Connaître la force de gravitation et le poids

La force de gravitation est celle qu'exerce tout corps céleste sur les objets qui l'entoure. Le poids est la force à laquelle est soumise tout objet à la surface et aux environs de la surface terrestre. Quel est le lien entre ces deux forces ?

RETENIR L'ESSENTIEL

I La force gravitationnelle exercée par la Terre

- La Terre peut être assimilée à une sphère dont le rayon est égal à $R_T = 6\,400$ km et la masse à $M_T = 5{,}98 \times 10^{24}$ kg. Tout objet de masse m situé à une distance d du centre de la Terre est soumis à une action de la Terre modélisée par la **force gravitationnelle**. Cette force peut se représenter de la façon suivante :

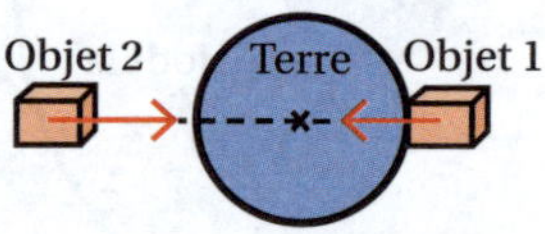

- La force gravitationnelle a pour point d'application le centre de l'objet, sa droite d'action est la droite passant par les centres de l'objet et de la Terre, et son sens est dirigé vers le centre de la Terre.
- La **loi de la gravitation** nous donne l'expression littérale de la force gravitationnelle :

$$F = G \times \frac{M_T \times m}{d^2}$$

les masses m de l'objet et M_T de la Terre sont exprimées en kilogrammes ; la distance d est exprimée en mètres ; la constante de gravitation G a pour valeur : $G = 6{,}67 \times 10^{-11}$ N·m²·kg⁻² ; la force F a pour unité le newton (N).

II La force de pesanteur

- La **force de pesanteur** (souvent appelée poids), notée P, est une force qui s'exerce sur chaque objet de masse m à la surface de la Terre. Son expression est la suivante :

$$P = m \times g$$

la masse m de l'objet correspond à une quantité de matière, exprimée en kilogrammes ; la **constante g** est appelée **intensité de la pesanteur** et a pour valeur : $g = 9{,}8$ N·kg⁻¹ ; la force de pesanteur P a pour unité le newton (N).

APPLIQUER LA MÉTHODE

Calculer la force gravitationnelle

Saturne est une planète gazeuse, c'est-à-dire ne possédant pas de croute solide, faite principalement d'hydrogène et d'hélium. Sa masse est égale à $M_{Sat} = 5{,}69 \times 10^{26}$ kg. Sa trajectoire autour du Soleil, de masse égale à $M_{Sol} = 3{,}00 \times 10^{30}$ kg, n'est pas parfaitement circulaire mais elliptique, ce qui fait que sa distance au Soleil varie au cours de son mouvement.

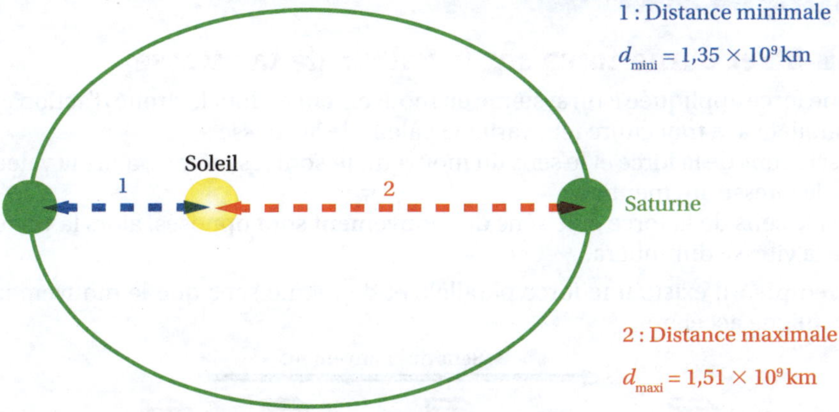

Calculer la plus grande valeur de la force gravitationnelle exercée par le Soleil sur Saturne.

On rappelle l'expression de la force gravitationnelle :

$$F = G \times \frac{M_1 \times M_2}{d^2} \text{ avec } G = 6{,}67 \times 10^{-11} \text{N} \cdot \text{kg}^2 \cdot \text{m}^{-2}$$

Conseils

- Pense à exprimer toutes les grandeurs dans la bonne unité : la distance en mètres et les masses en kilogrammes.
- Souviens-toi que la force gravitationnelle augmente avec les masses et diminue avec la distance et qu'elle s'exprime en newtons.

Solution

- La plus grande des valeurs de la force gravitationnelle est obtenue pour la **plus petite des distances**, c'est-à-dire d_{mini}.
- On convertit d_{mini} en mètres : $d_{mini} = 1{,}35 \times 10^9$ km $= 1{,}35 \times 10^{12}$ m.
- $F_{maxi} = G \times \frac{M_{Sol} \times M_{Sat}}{d^2_{mini}} = 6{,}67 \times 10^{-11} \times \frac{3{,}00 \times 10^{30} \times 5{,}69 \times 10^{26}}{(1{,}35 \times 10^{12})^2} = \mathbf{6{,}25 \times 10^{22}}$ **N.**

Pour vérifier que tu as compris ▸ Exercices 1 à 2
Pour t'entraîner ▸ Exercices 3 et 5
Pour préparer le brevet ▸ Exercices 6 à 9

20 Connaître les effets d'une force sur le mouvement

Tous les mouvements ont en commun de voir le système en mouvement soumis à des actions.

RETENIR L'ESSENTIEL

I Effet d'une force sur la valeur de la vitesse

Une force appliquée à un système en mouvement et dont la droite d'action est parallèle à la trajectoire fera varier la valeur de la vitesse :
- si le sens de la force et le sens du mouvement sont les mêmes, alors la valeur de la vitesse augmentera ;
- si le sens de la force et le sens du mouvement sont opposés, alors la valeur de la vitesse diminuera.

Exemple : il existe une force parallèle et de même sens que le mouvement rectiligne accéléré.

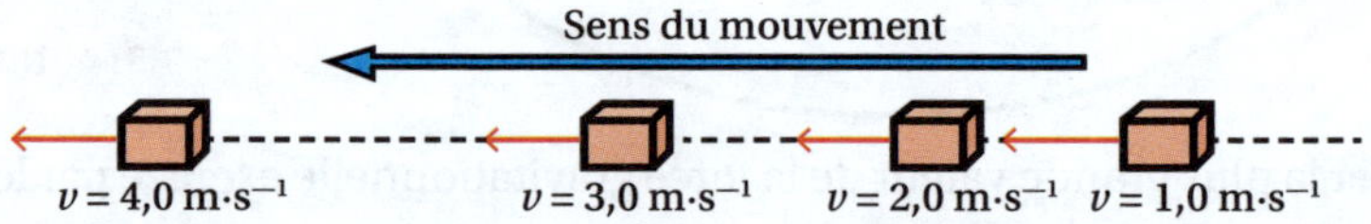

II Effet d'une force sur la direction de la vitesse

Une force appliquée à un système en mouvement et dont la droite d'action est perpendiculaire à la trajectoire fera varier la direction de la vitesse sans modifier sa valeur. La conséquence de ce changement de direction se traduira par une modification de la trajectoire.

Exemple : il existe une force perpendiculaire à la trajectoire du mouvement circulaire.

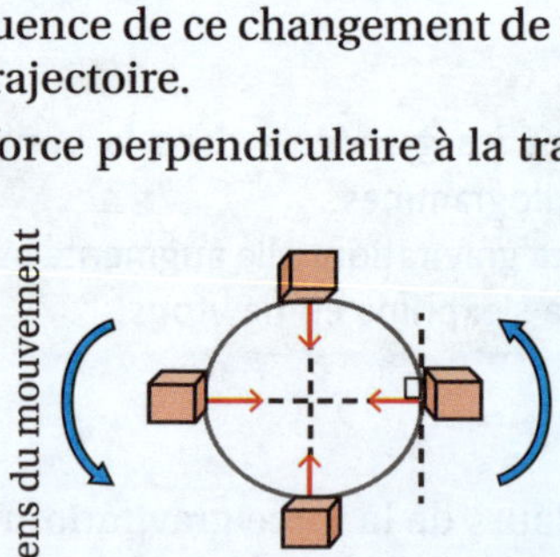

III Le cas du mouvement rectiligne et uniforme

Dans ce cas, la valeur de la vitesse et sa direction restent les mêmes. On en déduit deux possibilités : aucune force ne s'applique au système ; toutes les forces appliquées se compensent.

APPLIQUER LA MÉTHODE

Identifier l'effet d'une force appliquée sur un objet

Les trois schémas ci-dessous représentent trois moments d'une course de formule 1. La flèche rouge représente la direction et le sens du mouvement. Pour chaque situation, on précise l'évolution de la vitesse du bolide.

Situation 1	Situation 2	Situation 3
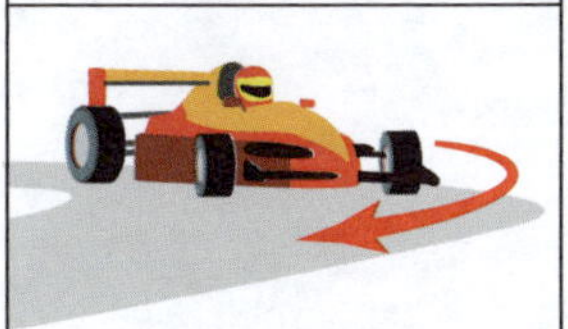		
La vitesse est constante	La vitesse augmente	La vitesse diminue

Indiquer, pour chacune des situations, le sens et la direction de la force appliquée à la formule 1.

Conseils

- Identifie l'effet de la force sur la valeur de la vitesse.
- Identifie l'effet de la force sur la direction de la vitesse.

Solution

- Dans la situation n° 1, le mouvement est circulaire et uniforme ce qui signifie que la direction du bolide varie et que sa vitesse est constante.

On en déduit que la force est **perpendiculaire à la trajectoire** du mouvement circulaire et dirigée **vers l'intérieur du virage**.

- Dans la situation n° 2, le mouvement est rectiligne et accéléré ce qui signifie que la direction du bolide reste la même et que sa vitesse augmente.

On en déduit que la force est **parallèle à la trajectoire** du mouvement et possède le **même sens**.

- Dans la situation n° 3, le mouvement est rectiligne et décéléré ce qui signifie que la direction du bolide reste la même et que sa vitesse diminue.

On en déduit que la force est **parallèle à la trajectoire** du mouvement et possède le **sens opposé**.

Pour vérifier que tu as compris ▸ Exercices 1 et 2

Pour t'entraîner ▸ Exercices 3 à 5

Pour préparer le brevet ▸ Exercices 6 à 9

Se tester QUIZ

Vérifie que tu as bien compris les points clés des **fiches 18 à 20.**

Pour chaque question, vérifie ta réponse à l'aide du corrigé et consulte les fiches de cours si nécessaire.

1 Connaître les caractéristiques des forces

→ RÉVISE LA FICHE 19

1. La force gravitationnelle a pour expression :

☐ **a.** $F = G \times \frac{M_T \times m}{d}$

☐ **b.** $F = \frac{M_T \times m}{d^2}$

☐ **c.** $F = G \times \frac{M_T \times m}{d^2}$

2. La force de pesanteur a pour expression $P = \frac{m}{g}$.

☐ **a.** Vrai ☐ **b.** Faux

2 Connaître les effets d'une force sur un mouvement

→ RÉVISE LA FICHE 20

1. Pour un mouvement rectiligne et uniforme, aucune force n'est appliquée au système (ou toutes les forces appliquées se compensent).

☐ **a.** Vrai ☐ **b.** Faux

2. Une force parallèle à la trajectoire a pour effet de :

☐ **a.** modifier la valeur de la vitesse

☐ **b.** modifier la direction de la vitesse

S'entraîner

Vérifie que tu sais appliquer les méthodes des **fiches 18 à 20.**

Pour chaque exercice, consulte la méthode indiquée et compare ta réponse à celle donnée dans le corrigé.

3 Forces appliquées sur un motard

→ APPLIQUE LA MÉTHODE DE LA FICHE 18

En accélération sur la ligne droite d'une course de moto-cross, un pilote et sa moto sont soumis à quatre forces :

– une force appelée poids qui est exercée par la Terre : sa droite d'action est verticale et son sens est dirigé vers le bas. Elle a pour point d'application le centre de l'ensemble [pilote-moto] ;

– deux forces appelées réactions verticales qui sont exercées par le sol : leur droite d'action est verticale et leur sens est dirigé vers le haut. Elles ont pour

point d'application les points de contact entre chacune des roues et le sol ;
– une force appelée réaction horizontale qui est exercée par le sol : la droite d'action est horizontale et le sens est dirigé dans celui de la marche du bolide. Elle a pour point d'application le point de contact entre la roue arrière et le sol.

Représenter ces forces sur le schéma ci-contre.

4 De la musique et des images par satellite

→ APPLIQUE LA MÉTHODE DE LA FICHE 19

Le satellite Sirius XM est un satellite de télécommunication permettant d'accéder à près de 125 chaînes musicales, 13 chaînes d'information et 20 chaînes locales aux États-Unis. Il se déplace sur une orbite elliptique élevée autour du centre de la Terre.

La masse du satellite est égale à $M_{sat} = 4\,200$ kg et celle de la Terre est égale à $M_{Terre} = 5{,}98 \times 10^{24}$ kg. L'expression de la force gravitationnelle est la suivante :

$F = G \times \dfrac{M_1 \times M_2}{d^2}$ avec $G = 6{,}67 \times 10^{-11}\ N{\cdot}kg^2{\cdot}m^{-2}$

Les masses sont en kilogrammes et la distance en mètres.

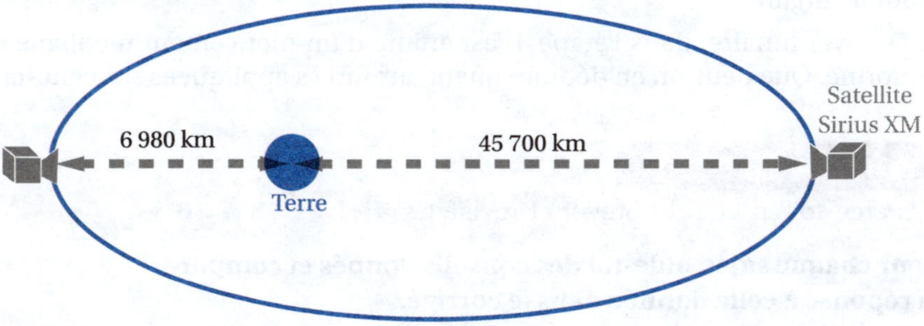

1. Calculer la force gravitationnelle exercée par la Terre sur le satellite au point le plus éloigné.

2. Calculer la force gravitationnelle exercée par la Terre sur le satellite au point le plus proche.

3. Comparer les valeurs des deux forces. Est-ce que le résultat était prévisible ?

5 Des hommes sur la Lune

→ APPLIQUE LA MÉTHODE DE LA FICHE 20

Le 20 juillet 1969, le premier homme de toute l'histoire de l'humanité, Neil Armstrong, a posé les pieds sur la Lune. Cet exploit a été réalisé dans le cadre de la mission Apollo 11 dont voici quelques étapes marquantes :

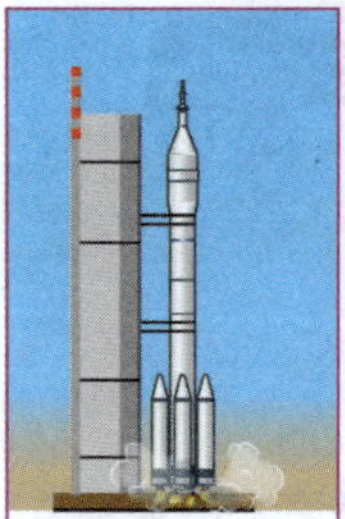

Étape 1

Étape 2

Étape 3

Étape 4

1. Dans l'étape 1, la fusée Viking V, qui emporte avec elle l'ensemble de la mission, a un mouvement rectiligne vertical et accéléré. Quelles sont la direction et le sens de la force appliquée à cette fusée ?

2. Le module de commande, au cours de l'étape 2, qui doit récupérer les astronautes débarqués sur la Lune, effectue autour de la Lune un mouvement circulaire et uniforme. Quelles sont la direction et le sens de la force appliquée à ce module de commande ?

3. Dans l'étape 3, la descente du module lunaire est rectiligne verticale et décélérée. Quelles sont la direction et le sens de la force appliquée à ce module lunaire ?

4. Le rover lunaire, dans l'étape 4, est animé d'un mouvement rectiligne et uniforme. Que peut-on en déduire quant aux forces appliquées sur celui-ci ?

Vers le brevet

Exerce-toi en vue du brevet et révise les **fiches 18 à 20.**

Pour chaque sujet, aide-toi des conseils donnés et compare ta réponse à celle donnée dans le corrigé.

SUJET TYPE — 20 min

6 Étude du mouvement de la Lune autour de la Terre

→ APPLIQUE LA MÉTHODE DES FICHES 18 À 20

La Lune est le seul satellite naturel de la Terre. Elle est animée d'un mouvement circulaire et uniforme autour de la Terre. Sa distance à la Terre est égale à $3{,}8 \times 10^5$ km et sa masse est égale à $7{,}35 \times 10^{22}$ kg. La force gravitationnelle exercée par la Terre sur la Lune est perpendiculaire à la direction de la vitesse de la Lune et on suppose qu'il s'agit de l'unique force appliquée à la Lune.

1. Quelle est la forme de la trajectoire de la Lune ?

2. Est-ce cohérent avec la force exercée sur la Lune ?

3. Expliquer pourquoi le mouvement de la Lune est uniforme.

4. Calculer la valeur de la force gravitationnelle exercée sur la Lune sachant que la masse de la Terre est égale à $5{,}98 \times 10^{24}$ kg.

Démarrons ensemble

1. La force exercée par la Terre sur la Lune est perpendiculaire à la trajectoire de la Lune.
2. Pour le calcul, exprime les distances en mètres et les masses en kilogrammes. N'oublie pas le carré au dénominateur dans le calcul de la force gravitationnelle.

7 Un spationaute sur la Lune

20 min

→ APPLIQUE LA MÉTHODE DE LA FICHE 19

Un spationaute est envoyé en mission sur la Lune. Sa masse *m* lorsqu'il est totalement équipé est égale à 160 kg.
Données :
intensité de la pesanteur terrestre : $g_T = 9{,}800\ \text{N·kg}^{-1}$;
intensité de la pesanteur lunaire : $g_L = 1{,}622\ \text{N·kg}^{-1}$;
masse de la Lune : $M_L = 7{,}35 \times 10^{22}$ kg.

1. Quel est le poids du spationaute sur la Terre ?

2. Quel est le poids du spationaute sur la Lune ?

3. Le poids est-il une force de contact ou à distance ?

4. Le spationaute est désormais sur la Lune. Sa distance au centre de la Lune est alors égale au rayon lunaire, soit $R_L = 1\ 737$ km.
a. Calculer la force gravitationnelle exercée par la Lune sur le spationaute.
b. Comparer le poids lunaire du spationaute à la force gravitationnelle calculée.
c. Que peut-on en déduire ?

Démarrons ensemble

1. Le poids d'un objet est donné par la formule $P = m \times g$, où g est l'intensité de la pesanteur et dépend du lieu.

8 Alerte météorites !

20 min

→ APPLIQUE LA MÉTHODE DES FICHES 18 À 20

Les météorites sont des fragments d'astéroïde ou de comète qui circulent dans l'espace de notre Système solaire et qui, pour certains, finissent par tomber sur la Terre.

Document 1 À la recherche des météorites

« Chaque année, près de 200 000 t de matière météoritique tombe sur Terre. Seulement 1/100e de cette masse atteint le sol. Les premières météorites identifiées comme telles, c'est-à-dire comme étant tombées du ciel, l'ont été en 1803 en France. Trois mille fragments pierreux ont alors frappé le sol, les plus gros ayant une masse égale à 10 kg. Depuis, on a répertorié plus de quatre mille météorites.

Le tableau répertorie les météorites les plus grosses retrouvées.

Lieu de découverte	Année	Masse (t)
Hoba (Afrique du Sud)	1920	60
Cape York (Groenland)	1894	31
Bacubirito (Mexique)	1863	27

Document 2 Le météore de Tcheliabinsk

« Le 15 février 2013, un bloc rocheux de près de 10 000 t est entré dans l'atmosphère terrestre au-dessus de la Sibérie, se fragmentant entre 20 km et 40 km d'altitude en des milliers de morceaux.

L'onde de choc résultant de la fragmentation a développé une énergie équivalente à 30 fois la bombe atomique d'Hiroshima et a été la cause de milliers de blessés ainsi que de gros dégâts matériels.

On a repéré sur le schéma, les positions successives du météore entre 0 et 10 min avant l'impact.

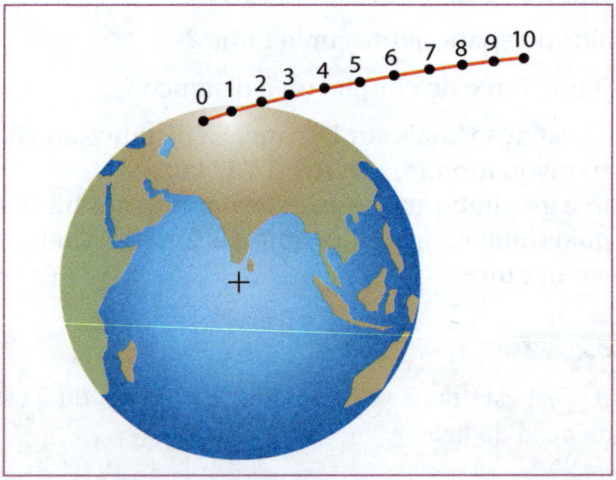

Document 3 Force gravitationnelle et poids

- Force gravitationnelle :

$$F = G \times \frac{M_1 \times M_2}{d^2} \text{ avec } G = 6{,}67 \times 10^{-11}\ N \cdot kg^2 \cdot m^{-2}.$$

Les masses sont en kilogrammes et la distance en mètres, la force est en newtons (N).

- Masse de la Terre : $M_{Terre} = 5{,}98 \times 10^{24}$ kg.
- Rayon de la Terre : $R_{Terre} = 6\ 375$ km.
- Poids terrestre : $P = m \times g$ avec $g = 9{,}81\ N \cdot kg^{-1}$.

Le poids est en newtons (N).

1. Quelle masse de matière météoritique atteint le sol terrestre chaque année ?

2. Calculer le poids de la plus grosse météorite découverte sur Terre.

3. Calculer la force gravitationnelle exercée par la Terre sur le plus gros des fragments découvert en 1803 puis son poids. Que peut-on observer ?

4. Sur le schéma du document 2, représenter la force gravitationnelle exercée par la Terre sur le météore dans les positions 10 et 5. On sait que la droite d'action est celle qui passe par le centre de la Terre et celui du météore. Elle a pour point d'application le centre du météore et est dirigée vers le centre de la Terre.

5. Est-ce que la force gravitationnelle garde la même direction et le même sens au cours du mouvement du météore ?

6. Comment évolue la valeur de la force gravitationnelle au cours du mouvement du météore ? Justifier.

7. Calculer la force gravitationnelle exercée par la Terre sur le météore lorsque celui-ci se trouve à une distance $d = 20\ 000$ km du centre de la Terre.

Démarrons ensemble

1. Utilise le document 1.

2. Utilise les documents 1 et 3 et pense à convertir les tonnes en kilogrammes : 1 t = 1×10^3 kg.

3. Pour un objet posé à la surface de la Terre, la distance à prendre en compte pour le calcul de la force gravitationnelle est égale au rayon de la Terre, à convertir en mètres.

6. Souviens-toi que la distance est au dénominateur et donc que, plus la distance augmente, plus la force gravitationnelle diminue.

SUJET TYPE 9 20 min

À la poursuite de *Voyager 1*

→ APPLIQUE LA MÉTHODE DES FICHES 18 À 20

Le programme américain *Voyager* est un programme de sondes spatiales automatiques destinées à étudier et à photographier de façon rapprochée les plus grosses planètes de notre Système solaire : Jupiter, Saturne, Uranus et Neptune. Deux sondes ont été lancées dans le cadre de ce programme : *Voyager 1* le 5 septembre 1977 et *Voyager 2* le 20 août 1977.

Document 1 Présentation de la mission *Voyager 1*

« La sonde *Voyager 1*, d'une masse égale à 815 kg, a été spécialement conçue pour fonctionner à grande distance du Soleil grâce à des générateurs nucléaires produisant l'énergie électrique nécessaire à l'alimentation des instruments de pilotage et d'observation embarqués.

La sonde a survolé la planète Jupiter le 4 mars 1979, à une distance minimale égale à 278 000 km puis s'est approchée de la planète Saturne le 12 novembre 1980 à une distance de 124 000 km. Après ces deux survols, *Voyager 1* s'est enfoncée dans l'espace.

Document 2 Où est *Voyager 1* aujourd'hui ?

« *Voyager 1* est actuellement dans le milieu interstellaire à $2{,}0 \times 10^{10}$ km du Soleil. La sonde se déplace en ligne droite avec une vitesse constante et égale à 17 km·s^{-1}.

Document 3 Force gravitationnelle et poids

- Force gravitationnelle :

$$F = G \times \frac{M_1 \times M_2}{d^2} \text{ avec } G = 6{,}67 \times 10^{-11} \text{ N·kg}^2\text{·m}^{-2}$$

Les masses sont en kilogrammes et la distance en mètres, la force est en newtons (N).

- Masse de Jupiter : $M_{Jupiter} = 1{,}90 \times 10^{27}$ kg.
- Masse de Saturne : $M_{Saturne} = 5{,}69 \times 10^{26}$ kg.
- Masse du Soleil : $M_{Soleil} = 2{,}00 \times 10^{30}$ kg.
- Poids terrestre : $P = m \times g$ avec $g = 9{,}81$ N·kg^{-1}.

Le poids est en newtons (N).

1. Calculer le poids terrestre de *Voyager 1*.

2. Calculer la force gravitationnelle exercée par Saturne sur *Voyager 1* lorsque celle-ci s'est rapprochée de la planète.

3. Lorsque *Voyager 1* s'éloigne de Saturne, la force gravitationnelle exercée par Saturne sur la sonde diminue-t-elle ou augmente-t-elle ?

4. Lorsque *Voyager 1* s'est retrouvé à 278 000 km de Jupiter, la force gravitationnelle exercée par Jupiter sur la sonde est-elle minimale ou maximale ?

5. À distance égale, quelle est la force gravitationnelle exercée sur *Voyager 1* qui est la plus grande : celle de Jupiter ou celle de Saturne ?

6. Calculer la force gravitationnelle exercée par le Soleil sur *Voyager 1* actuellement. Peut-on considérer que cette force est faible ?

7. D'après le mouvement de *Voyager 1*, que peut-on déduire quant aux forces appliquées sur la sonde ?

Démarrons ensemble

1. Utilise les documents 1 et 3.
2. Pense à convertir les kilomètres en mètres : 1 km = 1×10^3 m.
3. Souviens-toi que la distance est au dénominateur.
6. Souviens-toi que la masse est au numérateur.

Se tester QUIZ

1 **1. Réponse c.**

2. Réponse b.

2 **1. Réponses a.**

2. Réponse a.

S'entraîner

3

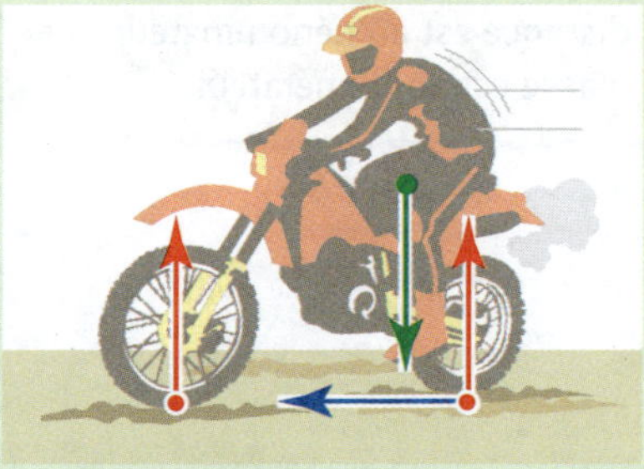

4 **1.** On convertit la distance en mètres :

$d = 45\,700$ km $= 4{,}57 \times 10^4$ km $= 4{,}57 \times 10^7$ m.

On calcule la force gravitationnelle :

Rappel
1 km = 10^3 m

$$F = G \times \frac{M_{Terre} \times M_{sat}}{d^2} = 6{,}67 \times 10^{-11} \times \frac{5{,}98 \times 10^{24} \times 4\,200}{(4{,}57 \times 10^7)^2} = \mathbf{802\ N.}$$

2. On convertit la distance en mètres :

$d = 6\,980$ km $= 6{,}98 \times 10^3$ km $= 6{,}98 \times 10^6$ m.

On calcule la force gravitationnelle :

$$F = G \times \frac{M_{Terre} \times M_{sat}}{d^2} = 6{,}67 \times 10^{-11} \times \frac{5{,}98 \times 10^{24} \times 4\,200}{(6{,}98 \times 10^6)^2} = \mathbf{3{,}44 \times 10^4\ N.}$$

3. La force gravitationnelle exercée par la Terre sur le satellite est plus **grande au point le plus proche de la trajectoire**. Ceci était prévisible car la distance étant, dans la formule, au dénominateur, la force est d'autant plus grande que la distance est petite.

5 **1.** Pour un mouvement rectiligne et accéléré, la force appliquée à la fusée possède les mêmes direction et sens que le mouvement de la fusée. Elle est donc **verticale** et **dirigée vers le haut**.

2. Pour un mouvement circulaire et uniforme, la force appliquée au module possède une direction perpendiculaire à celle du mouvement et le même sens que le mouvement du module de commande. Elle est donc **radiale** (c'est-à-dire dirigée selon le rayon de la Lune) et **pointée vers le centre de la Lune**.

3. Pour un mouvement rectiligne et décéléré, la force appliquée au module lunaire possède la même direction et le sens opposé au mouvement du module lunaire. Elle est donc **verticale et dirigée vers le haut**.

4. Si le rover lunaire est animé d'un mouvement rectiligne et uniforme, alors les forces appliquées sur celui-ci **se compensent**.

Vers le brevet

6 **1.** La trajectoire de la Lune est **un cercle**.

2. Oui, c'est cohérent car la force exercée sur la Lune est perpendiculaire à la direction de la vitesse, ce qui a pour effet de modifier à chaque instant la trajectoire qui ne peut donc pas être rectiligne.

> **À noter**
> Revois la fiche 20

3. Le mouvement de la Lune est uniforme car il n'existe pas de force parallèle à la direction de la vitesse, donc la valeur de la vitesse ne sera pas modifiée : **elle reste constante**.

4. $F = G \times \dfrac{M_T \times M_L}{d^2} = 6{,}67 \times 10^{-11} \times \dfrac{5{,}98 \times 10^{24} \times 7{,}35 \times 10^{22}}{(3{,}8 \times 10^8)^2} = \mathbf{2{,}0 \times 10^{20}\ N}$

7 **1.** $P = m \times g_T = 160 \times 9{,}800 = \mathbf{1\,568\ N}$.

2. $P = m \times g_L = 160 \times 1{,}622 = \mathbf{260\ N}$.

> **À noter**
> N'oublie pas les parenthèses ni le carré au dénominateur.

3. Le poids est une **force à distance**.

4. a. $F = G \times \dfrac{m \times M_L}{d^2} = 6{,}67 \times 10^{-11} \times \dfrac{160 \times 7{,}35 \times 10^{22}}{\left(1\,737 \times 10^3\right)^2} = \mathbf{260\ N}$

> **À noter**
> N'oublie pas de convertir les kilomètres en mètres ni le carré au dénominateur.

b. Le poids lunaire du spationaute et la force gravitationnelle calculée ont la **même valeur**.

c. On peut en déduire que les deux forces représentent **une seule et même force**.

8 **1.** La masse de matière météoritique qui atteint le sol terrestre chaque année représente 1/100e de la masse totale de matière météoritique tombant sur Terre qui est de 200 000 t. Elle est donc égale à **2 000 t**.

2. D'après le tableau du document 1, la plus grosse météorite est Hoba d'une masse de 60 t.

Convertissons la masse en kilogrammes : 60 t = $6{,}0 \times 10^4$ kg.

Calculons le poids : $P = m \times g = 6{,}0 \times 10^4 \times 9{,}81 =$ $\mathbf{5{,}9 \times 10^5}$ **N**.

3. Le plus gros des fragments découvert en 1803 a une masse égale à 10 kg.

On convertit la distance en mètres :

$d = 6\,375 \text{ km} = 6{,}375 \times 10^3 \text{ km} = 6{,}375 \times 10^6 \text{ m}$

Calculons la force gravitationnelle :

$$F = G \times \frac{M_{\text{Terre}} \times m}{d^2} = 6{,}67 \times 10^{-11} \times \frac{5{,}98 \times 10^{24} \times 10}{(6{,}375 \times 10^6)^2}$$

$= \mathbf{98{,}1\ N}$.

Calculons le poids : $P = m \times g = 10 \times 9{,}81 =$ **98,1 N**.

On observe que les deux forces sont **égales**.

> **Attention**
> Pour un objet posé à la surface de la Terre, la distance à prendre en compte dans le calcul de la force gravitationnelle est le rayon terrestre qui correspond à la distance au centre de la Terre. Ne pas oublier de le convertir en mètres.

4. Représentation des forces :

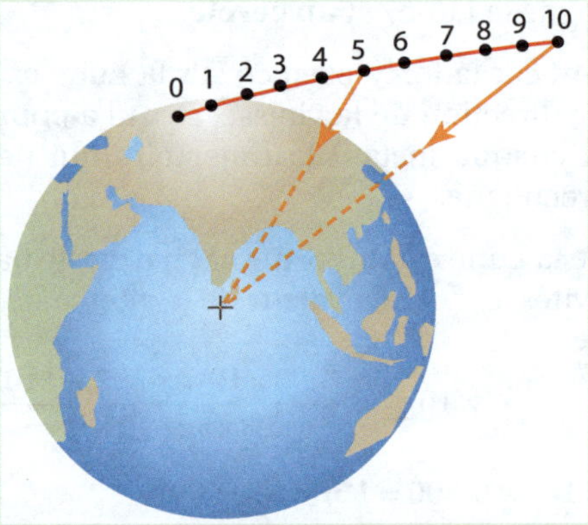

5. Non, la force gravitationnelle ne garde ni la même direction et ni le même sens au cours du mouvement du météore.

6. La valeur de la force gravitationnelle au cours du mouvement du météore **augmente** car la distance au centre de la Terre diminue et cette distance intervient au dénominateur de l'expression de la force gravitationnelle : plus la distance est petite et plus la force est grande.

7. On convertit la distance en mètres :
$d = 20\,000 \text{ km} = 2{,}0 \times 10^4 \text{ km} = 2{,}0 \times 10^7 \text{ m}$.

On convertit la masse en kilogrammes :
10 000 t = $1{,}0 \times 10^7$ kg.

Calculons la force gravitationnelle :

$$F = G \times \frac{M_{\text{Terre}} \times m}{d^2} = 6{,}67 \times 10^{-11} \times \frac{5{,}98 \times 10^{24} \times 1{,}0 \times 10^7}{(2{,}0 \times 10^7)^2} = \mathbf{9{,}97 \times 10^6\ N}$$

9 **1.** Calculons le poids : $P = m \times g = 815 \times 9{,}81 = \mathbf{7{,}99 \times 10^3\ N}$.

2. On convertit la distance en mètres :

$d = 124\,000$ km $= 1{,}24 \times 10^5$ km $= 1{,}24 \times 10^8$ m.

Calculons la force gravitationnelle :

$$F = G \times \frac{M_{\text{Saturne}} \times m}{d^2} = 6{,}67 \times 10^{-11} \times \frac{5{,}69 \times 10^{26} \times 815}{(1{,}24 \times 10^8)^2} = \mathbf{2{,}01 \times 10^3\ N}.$$

3. Lorsque *Voyager 1* s'éloigne de Saturne, la force gravitationnelle exercée par Saturne sur la sonde **diminue** car la distance étant au dénominateur de l'expression de la force, plus la distance est grande et plus la force est petite.

4. Lorsque *Voyager 1* s'est retrouvé à 278 000 km de Jupiter, la force gravitationnelle exercée par Jupiter sur la sonde est **maximale** car la distance est minimale. En effet, la distance étant au dénominateur de l'expression de la force, plus la distance est petite et plus la force est grande.

5. À distance égale, la force gravitationnelle exercée sur *Voyager 1* qui est la plus grande est celle de **Jupiter** car la masse de Jupiter est plus grande que celle de Saturne.

> **Attention**
> Il faut se rappeler que la valeur d'une expression mathématique du type X/Y augmente si X augmente ou si Y diminue.

6. On convertit la distance en mètres :

$d = 2{,}0 \times 10^{10}$ km $= 2{,}0 \times 10^{13}$ m.

Calculons la force gravitationnelle :

$$F = G \times \frac{M_{\text{Soleil}} \times m}{d^2} = 6{,}67 \times 10^{-11} \times \frac{2{,}00 \times 10^{30} \times 815}{(2{,}0 \times 10^{13})^2} = \mathbf{2{,}72 \times 10^{-4}\ N}.$$

On peut considérer que la valeur de cette force est **faible** car bien inférieure à 1 N.

7. Si *Voyager 1* est animé d'un mouvement rectiligne et uniforme, alors on peut considérer qu'il n'y a **plus de forces appliquées** sur celui-ci.

Stockage et échange d'énergie

21 Connaître les différentes formes d'énergie

Un train utilise de l'énergie électrique pour se déplacer, une lampe libère de l'énergie lumineuse et un radiateur de l'énergie thermique. Mais qu'est-ce que l'énergie ? Sous quelles formes se présente-t-elle ?

RETENIR L'ESSENTIEL

I Les caractéristiques de l'énergie

■ Tous les systèmes possèdent de l'énergie qui peut prendre différentes formes :
- énergie **cinétique** (liée au mouvement) ;
- énergie **potentielle** (liée à la position) ;
- énergie **chimique** (liée aux transformations chimiques) ;
- énergie **lumineuse** (liée aux rayonnements lumineux) ;
- énergie **électrique** (liée à la circulation d'un courant électrique) ;
- énergie **thermique** (liée à la température) ;
- énergie **nucléaire** (liée aux transformations mettant un jeu les noyaux atomiques).

■ Cette énergie peut être **stockée** et **transportée**. Elle peut également être **convertie** d'une forme à une autre.

II Les sources d'énergie

■ Tous les systèmes ou phénomènes à partir desquels il est possible de retirer de l'énergie sont appelés sources d'énergie.

Exemple : la bouilloire augmente la température de l'eau : elle lui fournit de l'énergie thermique.

■ Il existe deux sortes de sources d'énergie :
- **sources renouvelables** (Soleil, chute d'eau...) : elles se renouvellent rapidement par rapport à la durée d'une vie humaine ou sont inépuisables ;
- **sources non renouvelables** (pétrole, gaz, charbon...) : leurs stocks s'épuisent et ils ont besoin de plusieurs millions d'années pour se renouveler.

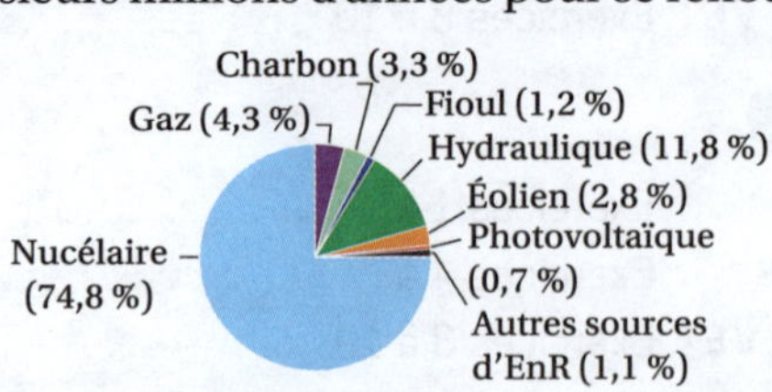

Production française d'électricité en 2012 : 541,4 TWh

APPLIQUER LA MÉTHODE

Identifier les différentes formes d'énergie

Dans une centrale thermique, de la chaleur est produite par combustion ①. La chaleur transforme de l'eau liquide en vapeur d'eau ②. La vapeur d'eau en se déplaçant fait tourner une turbine reliée à un alternateur ③ qui produit l'électricité. La vapeur d'eau est refroidie et l'eau liquide obtenue recommence le cycle ④.

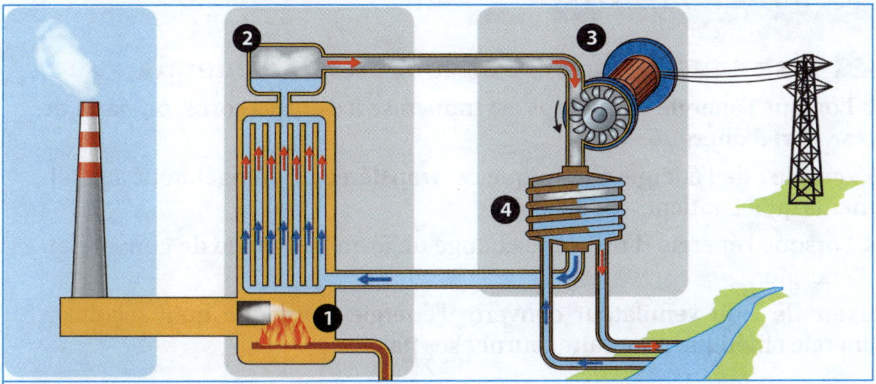

Représentation d'une centrale thermique

1. Sous quelles formes trouve-t-on l'énergie dans une centrale thermique ?

2. Quelle est la source d'énergie de ce type de centrale thermique ? Est-elle renouvelable ? Pourquoi ?

Conseils

1. Pour chaque étape, identifie d'où provient l'énergie en jeu.
2. La source d'énergie de la centrale est liée à la première forme d'énergie du cycle.

Solution

1. Dans une centrale thermique, on trouve trois formes d'énergie :

- de l'**énergie thermique** est produite par combustion pour chauffer l'eau en ① ;
- la vapeur d'eau possède une **énergie cinétique**, puisqu'elle est en mouvement ② et ③ ;
- cette énergie cinétique est transformée en **énergie électrique** par l'alternateur ③.

2. La source d'énergie de ce type de centrale est le **combustible** : en brûlant il produit de l'énergie thermique. Le combustible est une source d'énergie **non renouvelable** car lors de la combustion il est **consommé**.

Pour vérifier que tu as compris ▸ Exercices 1 à 3

Pour t'entraîner ▸ Exercices 4 à 7

Pour préparer le brevet ▸ Exercices 8 à 10

22 Établir un bilan d'énergie

Les centrales électriques thermiques produisent de l'énergie électrique à partir d'énergie thermique. Toute l'énergie reçue par une centrale est-elle utilisée à la production électrique ?

RETENIR L'ESSENTIEL

I Distinguer transfert et conversion d'énergie

- Lorsque l'énergie d'un corps est transmise à d'autres corps, on parle de **transfert d'énergie**.

Exemple : de l'énergie thermique est transférée du réfrigérateur aux aliments qu'il contient.

- Lorsque l'énergie d'un corps change de forme, on parle de **conversion d'énergie**.

Exemple : un ventilateur convertit l'énergie électrique qu'il reçoit en énergie cinétique pour faire tourner ses pales.

II Conservation de l'énergie

Lors de toute transformation, **l'énergie est conservée**. Pour un corps donné, tout changement d'énergie correspond soit à un transfert d'énergie vers un autre corps, soit à une conversion d'énergie : la quantité totale d'énergie du corps reste constante.

Exemple : une lampe reçoit une quantité d'énergie électrique qu'elle convertit en partie en énergie lumineuse et en partie en énergie thermique ; toute l'énergie reçue par la lampe est convertie.

III Savoir faire un bilan énergétique

Un robot de cuisine est utilisé pour faire de la chantilly. Il reçoit de l'énergie électrique, il en convertit une partie en énergie cinétique (mouvement du batteur) et une partie en énergie thermique (le moteur chauffe). Le bilan énergétique du robot est :

$$E_{\text{électrique reçue}} = E_{\text{cinétique}} + E_{\text{thermique}}$$

Exemple : diagramme énergétique du robot de cuisine.

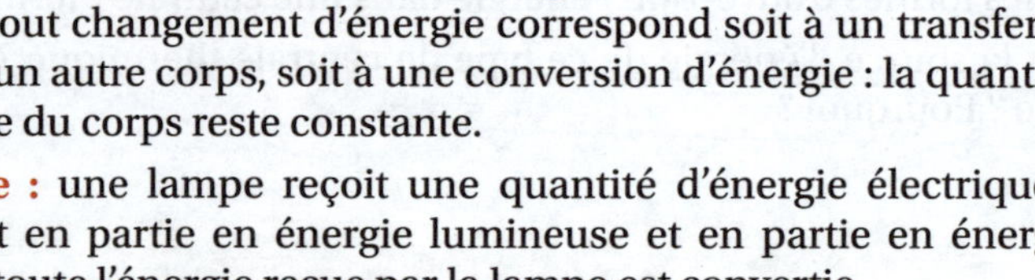

APPLIQUER LA MÉTHODE

Savoir faire un diagramme d'énergie

La plupart des centrales électriques thermiques contiennent une turbine reliée à un alternateur. Un alternateur est constitué d'un aimant et d'une bobine de fils de cuivre.

La turbine ① tourne grâce à la vapeur d'eau en mouvement et entraîne l'aimant de l'alternateur ② qui est alors en mouvement au voisinage de la bobine ③. L'interaction entre le rotor (aimant mobile) et le stator (bobine de fils de cuivre fixe) de l'alternateur, crée un courant électrique.

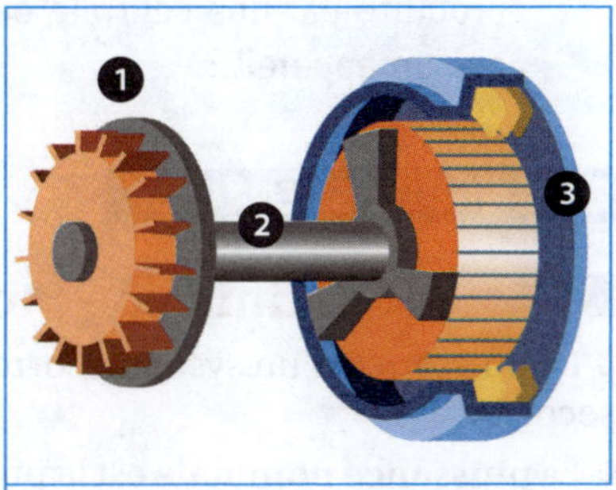

Représentation d'un alternateur

De par la rotation entre ses deux parties, l'alternateur chauffe légèrement.

1. Établir le bilan d'énergie de l'alternateur.
2. Donner le diagramme d'énergie de l'alternateur.

Conseils

- Identifie les différentes formes d'énergie mises en jeu dans l'alternateur.
- Dresse d'abord le bilan des énergies qui sont reçues et puis le bilan de celles qui sont fournies par l'alternateur.

Solution

1. ■ Un alternateur reçoit de l'énergie **cinétique** (mouvement de l'aimant par rapport à la bobine).

■ Il en convertit une grande partie en énergie **électrique** (courant électrique aux bornes de la bobine).

■ Le reste de l'énergie cinétique est perdu sous forme de chaleur : l'alternateur libère de l'énergie **thermique**.

Le bilan énergétique de l'alternateur est :

$$E_{\text{cinétique reçue}} = E_{\text{électrique}} + E_{\text{thermique}}$$

2. Diagramme énergétique de l'alternateur :

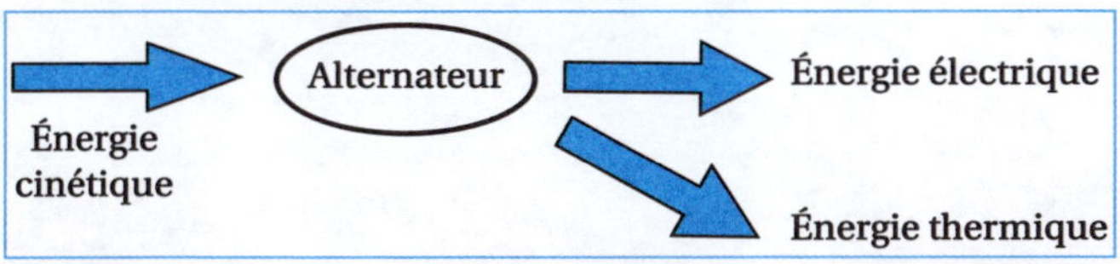

Pour vérifier que tu as compris ▸ Exercices 1 à 3

Pour t'entraîner ▸ Exercices 4 à 7

Pour préparer le brevet ▸ Exercices 8 à 10

23 Calculer une consommation d'énergie

Quelles caractéristiques entrent en jeu dans la quantité d'énergie produite par une centrale ou dans la quantité d'énergie consommée par un appareil ?

RETENIR L'ESSENTIEL

I Savoir définir une puissance

- La puissance d'un système correspond à l'énergie qu'il échange en une seconde.
- La **puissance nominale** est la puissance délivrée par le système lorsqu'il est utilisé dans des conditions idéales. Elle est généralement indiquée sur l'appareil. Plus un dipôle a une puissance nominale élevée, plus son action est efficace.

Exemple : entre deux aspirateurs, c'est celui qui a la puissance la plus grande qui aspire le plus fort.

- L'unité légale de la puissance est le **watt (W)** ; mais on utilise également le kilowatt (kW), le mégawatt (MW) et le gigawatt (GW).

Exemple : $P_{\text{aspirateur}} = 1\,200\ \text{W} = 1{,}200\ \text{kW}$.

II Connaître la relation liant puissance, énergie et temps

- L'énergie électrique E consommée par un appareil est égale au produit de sa puissance nominale P par sa durée de fonctionnement Δt :

$$E = P \times \Delta t$$

avec E, l'énergie électrique en joules (J) ;
P, la puissance nominale en watts (W) ;
Δt, la durée de fonctionnement de l'appareil en secondes (s).

- L'unité légale de l'énergie est le joule (J) ; mais on utilise également le kilojoule (kJ), le wattheure (Wh) et le kilowattheure (kWh).

À noter
Pour calculer une énergie exprimée en wattheures (Wh), il faut exprimer la puissance en watts (W) et la durée de fonctionnement en heures (h).
Relation utile : 1 h = 3 600 s.

APPLIQUER LA MÉTHODE

Calculer une consommation d'énergie

L'étiquette énergétique est une fiche destinée aux consommateurs qui résume les caractéristiques d'un appareil électrique (notamment la consommation d'énergie), afin de faciliter le choix entre différents modèles.

Pour les télévisions, ces étiquettes fournissent les renseignements suivants.

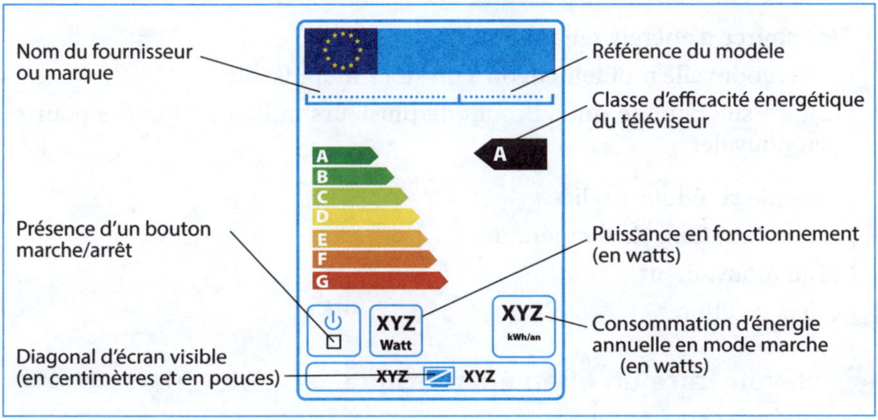

Un constructeur de téléviseur vient de créer un nouveau modèle qui, en mode marche et avec les réglages d'usine, a une puissance de 30 watts.

Aider le constructeur à compléter la fiche en déterminant la « consommation d'énergie annuelle en mode marche » qui correspond à la consommation annuelle d'énergie du téléviseur pour une utilisation standard de 4 heures par jour avec les réglages d'usine du constructeur.

Conseils

- Pour calculer une énergie en kilowattheures (kWh) la puissance doit être exprimée en kilowatts (kW) et le temps en heures (h).
- Entre les années qui sont bissextiles et celles qui ne le sont pas, il y a en moyenne 365,25 jours par an.

Solution

- Calcul du temps de fonctionnement du téléviseur sur une année :
$t = 365{,}25 \times 4 = 1\,461$ h.
- Calcul de l'énergie consommée par le téléviseur en une année :
$E = P \times t = 0{,}030 \times 1\,461 =$ **43,8 kWh**.
- Le constructeur doit indiquer **44 kWh** sur la fiche.

Pour vérifier que tu as compris ▸ Exercices 1 à 3
Pour t'entraîner ▸ Exercices 4 à 7
Pour préparer le brevet ▸ Exercices 8 à 10

Se tester QUIZ

Vérifie que tu as bien compris les points clés des **fiches 21 à 23.**

Pour chaque question, vérifie ta réponse à l'aide du corrigé et consulte les fiches de cours si nécessaire.

1 Connaître les formes d'énergie et leurs sources

→ RÉVISE LE FICHE 21

1. Une source d'énergie renouvelable :

☐ **a.** se renouvelle rapidement ou a un stock inépuisable

☐ **b.** a un stock limité qui a besoin de plusieurs millions d'années pour se renouveler

2. L'énergie cinétique est liée :

☐ **a.** aux variations de température

☐ **b.** au mouvement

☐ **c.** à la position

2 Savoir faire un bilan énergétique

→ RÉVISE LA FICHE 22

1. On parle de transfert d'énergie :

☐ **a.** quand l'énergie change de forme

☐ **b.** quand l'énergie est transmise d'un corps à un autre

2. Lors d'une transformation, la quantité totale d'énergie du système :

☐ **a.** diminue ☐ **b.** augmente ☐ **c.** reste constante

3 Connaître la relation entre puissance et énergie

→ RÉVISE LA FICHE 23

1. Deux lampes ont des puissances différentes dans les mêmes conditions d'utilisation :

☐ **a.** elles brilleront toutes les deux de la même façon

☐ **b.** celle qui a la plus grande puissance brillera plus

☐ **c.** celle qui a la plus grande puissance brillera moins

2. La puissance est reliée à l'énergie par la relation :

☐ **a.** $P = \frac{E}{\Delta t}$ ☐ **b.** $P = \frac{\Delta t}{E}$ ☐ **c.** $P = E \times \Delta t$

S'entraîner

Vérifie que tu sais appliquer les méthodes des **fiches 21 à 23.**

Pour chaque exercice, consulte la méthode indiquée et compare ta réponse à celle donnée dans le corrigé.

4 Éoliennes en Guadeloupe

→ APPLIQUE LA MÉTHODE DES FICHES 21 ET 22

La Désirade est une petite île dépendant de l'archipel Guadeloupéen située dans la mer des Caraïbes. De par sa situation géographique, elle est balayée en permanence par les alizés, des vents réguliers qui soufflent pratiquement toute l'année.

La Désirade a été la première île de Guadeloupe à installer des fermes à éoliennes. Le parc éolien actuel de l'île est constitué de six éoliennes capables de produire par vent faible une puissance nominale de 275 kW chacune et de 35 éoliennes pouvant produire 60 kW chacune.

1. Quelle est la forme d'énergie captée par les éoliennes ? S'agit-il d'une ressource renouvelable ?

2. Déterminer la puissance totale *P* restituée par ce parc éolien en kW.

3. Déterminer, en kWh, l'énergie totale *E* restituée en un an par ce parc si les éoliennes fonctionnent 4 000 h par an.

5 Dépenser et produire de l'énergie en même temps

→ APPLIQUE LA MÉTHODE DE LA FICHE 22

Dans une publicité pour une eau minérale, on voit des femmes pédaler sur des vélos d'appartement. Lorsqu'elles pédalent toutes suffisamment longtemps et fort, elles permettent l'éclairage de la façade d'un immeuble.

Compléter le diagramme énergétique suivant.

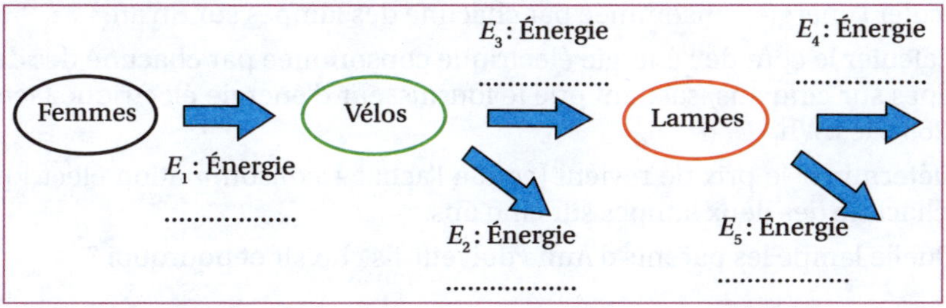

Donner la relation mathématique entre les différentes formes d'énergie du système précédent.

6 Ménage et argent de poche

→ APPLIQUE LA MÉTHODE DE LA FICHE 23

Pour gagner de l'argent de poche, Elliès propose à ses parents de passer l'aspirateur dans l'appartement. Ils conviennent qu'il sera payé 5 € tous les 4 000 kJ consommés par l'aspirateur.

Sachant que l'aspirateur a une puissance de 1 300 W, déterminer combien de temps Elliès devra passer l'aspirateur pour obtenir 5 €. Exprimer le résultat en secondes puis en minutes.

7 Bien choisir ses nouvelles lampes

→ APPLIQUE LA MÉTHODE DES FICHES 21 À 23

Les parents d'Anna souhaitent remplacer une lampe de leur salon et ils hésitent entre une lampe fluocompacte et une lampe à LED.

Les lampes fluocompactes convertissent 75 % de l'énergie qu'elles reçoivent en énergie lumineuse.

1. Sous quelle forme les lampes reçoivent-elles de l'énergie ?
2. Sous quelle forme les 25 % restants d'énergie reçus par la lampe sont-ils transformés ?
3. Faire le diagramme énergétique d'une lampe fluocompacte.
4. Pour ne pas se tromper sur leur choix, les parents d'Anna ont recueilli les informations suivantes.

Lampe	Fluocompacte	LED
Puissance consommée (watts)	9	4
Quantité de lumière restituée (lumens)	430	450
Durée de vie (heures)	10 000	25 000
Coût (euros)	10,99	12,49

Les parents d'Anna utilisent en moyenne la lampe de leur salon 4 h par jour.

Calculer l'énergie consommée par chacune des lampes sur un an.

5. Calculer le coût de l'énergie électrique consommée par chacune des deux lampes sur cinq ans, sachant que le fournisseur d'énergie électrique facture 0,1263 € le kWh.
6. Déterminer le prix de revient (coût à l'achat + consommation électrique) de chacune des deux lampes sur cinq ans.
7. Quelle lampe les parents d'Anna doivent-ils choisir et pourquoi ?

Vers le brevet

Exerce-toi en vue du brevet et révise les **fiches 21 à 23.**

Pour chaque sujet, aide-toi des conseils donnés et compare ta réponse à celle donnée dans le corrigé.

8 Réaliser un bilan de puissance

20 min

→ APPLIQUE LA MÉTHODE DES FICHES 21 ET 22

Mathieu a acheté un ventilateur solaire : il s'agit d'un panneau solaire qui, à partir de l'énergie reçue du Soleil, va produire de l'énergie électrique qui alimente un moteur faisant tourner les pales du ventilateur.

1. Quelle est la source d'énergie du ventilateur ? Cette source est-elle renouvelable ?

2. Sous quelle forme l'énergie est-elle libérée par le ventilateur ?

3. Il n'y a pas de perte d'énergie au niveau du panneau solaire, par contre le moteur qui permet le mouvement des pales chauffe lorsqu'il fonctionne. Sous quelle forme l'énergie perdue est-elle libérée dans l'air ?

4. Faire le diagramme énergétique du ventilateur solaire acheté par Mathieu.

Démarrons ensemble

Pour le diagramme énergétique, fait apparaître les réservoirs d'énergie, les convertisseurs d'énergie, ainsi que les différentes formes d'énergie.

9 Calculer une consommation électrique

20 min

→ APPLIQUE LA MÉTHODE DE LA FICHE 23

La télévision, les box Internet et les consoles de jeu, même en mode veille, consomment de l'énergie électrique. Pour un téléviseur, la puissance en veille est $P_{TV} = 2$ W, pour une box Internet $P_{box} = 3$ W et pour une console de jeu $P_{console} = 4$ W.

1. Calculer l'énergie E consommée par cet équipement s'il est en veille 20 heures par jour.

2. Exprimer le résultat en wattheures (Wh).

3. Calculer l'énergie électrique totale E' perdue en France chaque jour, en admettant qu'il y a 40 millions de foyers disposant de cet équipement.

4. Quel geste simple peut-on faire pour économiser de l'énergie ?

Démarrons ensemble

1. Exprime les durées en secondes.
2. Utilise la relation 1 Wh = 3 600 J.

SUJET TYPE

10 Une voiture électrique

30 min

→ APPLIQUE LA MÉTHODE DES FICHES 21 À 23

Une voiture solaire est une voiture électrique qui recharge ses batteries en partie ou totalement grâce à l'énergie solaire. Quand les modules photovoltaïques installés sur le véhicule ne permettent pas d'assurer l'autonomie complète du véhicule, d'autres sources d'énergie sont utilisées pour recharger les batteries de ces véhicules.

Document 1 L'Éclectic : une voiture pour un monde plus propre

« L'Éclectic, conçue par le constructeur Venturi installé à Monaco, est équipée de batteries qui se rechargent de façon autonome grâce à des sources d'énergie renouvelables ou si nécessaire grâce à l'électricité délivrée par le réseau.

Cette voiture a une autonomie allant jusqu'à 50 km pour une vitesse maximale de 50 km/h. Cela peut paraître peu, mais pour des citadins ne faisant que de très courts trajets c'est largement suffisant.

Les différents dispositifs de production d'énergie de l'Éclectic sont les suivants :

– 2,5 m² de cellules photovoltaïques placées sur le toit permettent de produire en une journée d'exposition assez d'énergie pour parcourir 7 km à 50 km/h. Ces cellules ont un rendement de 14 %, ce qui veut dire qu'elles convertissent 14 % de l'énergie que leur donne le Soleil en une énergie utilisable pour la propulsion ;

– une éolienne fixée au toit de la voiture pendant le stationnement apporte, dans les régions ventées, une quantité d'énergie suffisante pour parcourir 15 km à la vitesse maximale ;

– une prise électrique permet de recharger la voiture si les autres modes ne sont pas utilisables. La recharge intégrale du véhicule sur le secteur prend 5 heures.

Document 2 Principe des cellules photovoltaïques

« Les cellules photovoltaïques convertissent le rayonnement du Soleil en électricité. Cette opération repose sur un phénomène physique appelé « effet photovoltaïque ». Ce mécanisme a été découvert en 1839 par Antoine Becquerel mais il n'a été expliqué que près d'un siècle plus tard par Albert Einstein, ce qui lui a valu le prix Nobel de physique en 1921.

De façon très schématique, l'effet photovoltaïque permet à certains matériaux d'émettre des électrons lorsqu'ils sont exposés à la lumière. Une cellule photovoltaïque est constituée d'un de ces matériaux, généralement du silicium, et conçue de telle façon que les électrons émis soient récupérés pour former un courant électrique.

L'impact environnemental et énergétique de la fabrication des panneaux de silicium n'est pas nul. Une cellule photovoltaïque doit fonctionner entre un an et demi et cinq ans pour compenser l'énergie utilisée pour la fabriquer.

Les cellules photovoltaïques perdent une partie de l'énergie qu'elles reçoivent car elles chauffent et également parce qu'elles renvoient une partie de la lumière reçue (réflexion).

1. Compléter le diagramme énergétique ci-dessous en :
- indiquant les différentes formes d'énergies mises en jeu ;
- coloriant en vert les dispositifs qui convertissent l'énergie ;
- coloriant en orange les dispositifs qui transfèrent l'énergie.

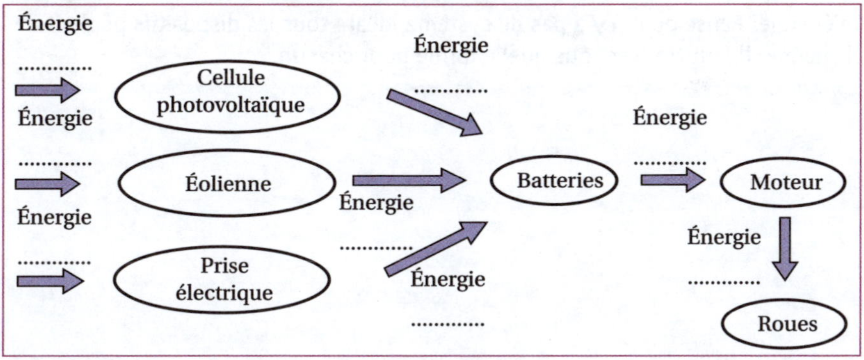

2. Sachant que la batterie peut stocker 7 kWh et que les cellules photovoltaïques ont une puissance de 300 W, déterminer le temps qu'il faut aux cellules photovoltaïques (si elles sont exposées dans les conditions optimales) pour charger totalement la batterie.

3. Quel est le pourcentage de perte d'énergie pour les cellules photovoltaïques ?

4. Sous quelle(s) forme(s) cette énergie est-elle perdue ?

5. Déterminer l'énergie totale reçue par les cellules photovoltaïques pour charger totalement la batterie.

6. Le diagramme énergétique ci-dessus est incomplet. Que faudrait-il ajouter pour qu'il représente réellement les transferts et conversions d'énergie mis en jeu dans cette voiture ?

7. Refaire le diagramme énergétique de la voiture et le compléter.

Démarrons ensemble

1. Relève dans le document 1 les différentes formes d'énergie reçues par les trois dispositifs de production d'énergie de la voiture.
Souviens-toi que lorsque l'énergie d'un corps est transmise à d'autres corps, on parle de transfert d'énergie, et que lorsque l'énergie d'un corps change de forme on parle de conversion d'énergie.
2. Déduis de la relation $E = P \times \Delta t$, la formule à appliquer pour déterminer Δt.
3. et **4.** Sers-toi des documents 1 et 2 pour répondre à cette question et pense que l'énergie d'un dispositif est conservée.
5. Dresse un tableau de proportionnalité dans lequel la quantité d'énergie produite par les cellules photovoltaïques correspond à 14 % de l'énergie reçue par celle-ci.
6. Le diagramme représenté à la question 1 représente le cas « idéal » où tous les dispositifs qui convertissent l'énergie et ceux qui la transfèrent ne perdent pas d'énergie. Pense qu'il n'y a pas de système idéal : tous les dispositifs perdent de l'énergie. Il faut trouver sous quelle forme pour chacun.

Se tester QUIZ

1 **1. Réponse a.**
2. Réponse b.

2 **1. Réponse b.**
2. Réponse c.

3 **1. Réponse b.**
2. Réponse a.

S'entraîner

4 **1.** L'énergie captée par les éoliennes est de l'**énergie cinétique** (mouvement de l'air grâce au vent). Le vent est une source d'énergie **renouvelable**, car il n'est pas consommé par les éoliennes.

2. Calcul de la puissance totale P restituée par ce parc :
$P = 6 \times 275 + 35 \times 60 =$ **3 750 kW**.

3. Calcul, en kWh, de l'énergie totale E restituée par ce parc si les éoliennes fonctionnent 4 000 h par an :
$E = P \times t = 3\,750 \times 4\,000 =$ **$1{,}5 \times 10^7$ kWh** ou **15 GWh**.

Attention
Pour calculer une énergie en kWh, il faut exprimer la puissance en kW et le temps en h.

5

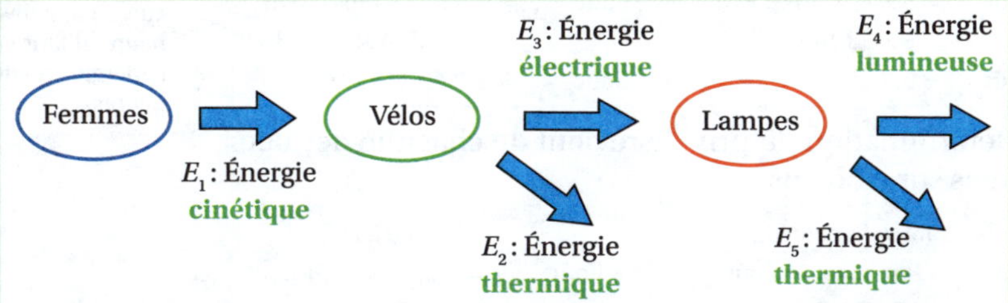

Considérons que lors de ces transformations, il y a conservation de l'énergie, nous avons donc $E_1 = E_2 + E_3 = E_4 + E_5$.

Méthode
Comme il n'y a pas d'indication contraire, on suppose qu'il y a conservation de l'énergie.

6 Calcul de la durée d'utilisation de l'aspirateur :

$$t = \frac{E}{P} = \frac{4\,000\,000}{1\,300} = 3\,077 \text{ s.}$$

■ Conversion de la durée en minutes :

$$t = \frac{3\,077}{60} = 51{,}28 \text{ min}$$

Rappel
Il y a 60 secondes dans une minute.

Pour gagner 5 €, Elliès doit passer l'aspirateur pendant **51 minutes.**

7 **1.** Les lampes reçoivent de l'**énergie électrique.**

2. Les 25 % restants d'énergie reçus par la lampe sont transformés en **énergie thermique.**

3. Diagramme énergétique d'une lampe fluocompacte :

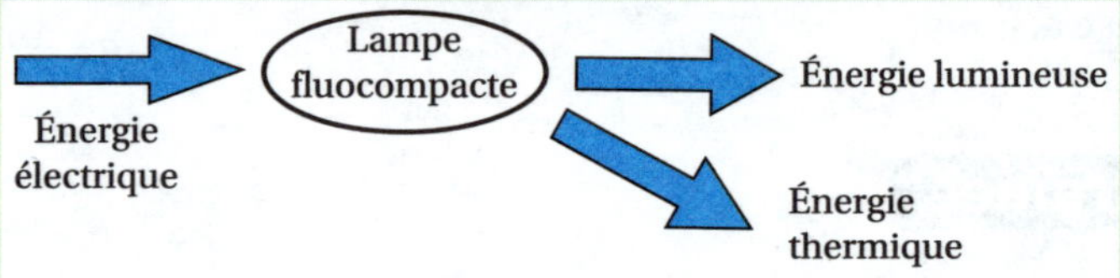

4. Calcul de l'énergie consommée par chacune des lampes en un an.

Lampe fluocompacte	Lampe à LED
$E_F = P \times t$ $= 9 \times 4 \times 365{,}25$ **E_F = 13 149 Wh**	$E_{LED} = P \times t$ $= 4 \times 4 \times 365{,}25$ **E_{LED} = 5 844 Wh**

Info
En moyenne les années contiennent 365,25 j par an (moyenne entre années bissextiles et les autres).

5. Calcul du coût de l'énergie électrique consommée par chacune des deux lampes sur cinq ans, sachant que le fournisseur d'énergie électrique facture 0,1263 € par kWh :

Lampe fluocompacte	Lampe à LED
$\text{Coût}_{élec\ F} = 5 \times E_F \times \text{prix 1 kWh}$ $= 5 \times 13{,}149 \times 0{,}1263$ **$\text{Coût}_{élec\ F}$ = 8,3 €**	$\text{Coût}_{élec\ LED} = 5 \times E_{LED} \times \text{prix 1 kWh}$ $= 5 \times 5{,}844 \times 0{,}1263$ **$\text{Coût}_{élec\ LED}$ = 3,7 €**

Attention
Le prix de l'énergie électrique étant en euros par kilowatt-heure, il faut convertir l'énergie en kilowatts-heures.

6. Détermination du prix de revient de chacune des deux lampes sur cinq ans.

Lampe fluocompacte	Lampe à LED
$\text{Coût}_{total\ F} = \text{Prix achat}_F + \text{Coût}_{élec\ F}$ $= 10{,}99 + 8{,}3$ **$\text{Coût}_{total\ F}$ = 19,29 €**	$\text{Coût}_{total\ LED} = \text{Prix achat}_{LED} + \text{Coût}_{élec\ LED}$ $= 12{,}49 + 3{,}7$ **$\text{Coût}_{total\ LED}$ = 16,19 €**

7. Les parents d'Anna doivent choisir la **lampe à LED**, car même si elle est plus chère à l'achat, elle consomme moins d'énergie électrique et coûtera donc moins cher à l'utilisation. De plus, la lampe à LED a une durée de vie beaucoup plus longue que la lampe fluocompacte, donc elle devra être changée moins souvent ce qui augmente l'écart entre les prix de revient de chacune des lampes pour une utilisation supérieure à 10 000 h.

Vers le brevet

8 **1.** La source d'énergie est le **Soleil**. L'énergie solaire est une source d'énergie renouvelable, car le Soleil brillera encore pendant 4,5 milliards d'années : le stock est donc **inépuisable** à l'échelle humaine.

2. Le ventilateur libère l'énergie sous forme d'**énergie cinétique** (les pales sont mises en mouvement).

3. L'énergie perdue est libérée dans l'air sous forme d'**énergie thermique**.

4.

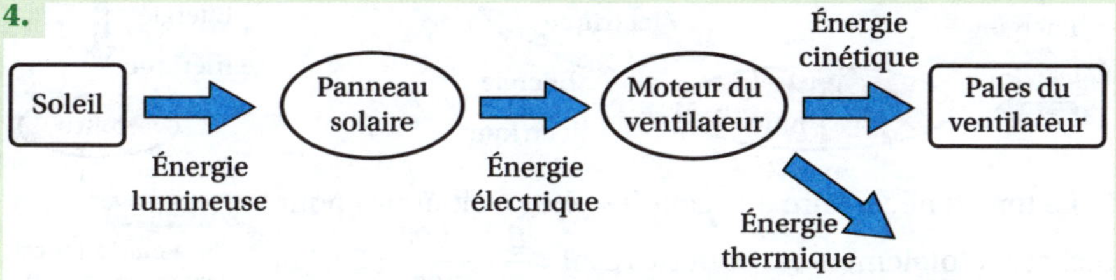

9 **1.** $E = P_{\text{totale}} \times \Delta t = (P_{\text{TV}} + P_{\text{box}} + P_{\text{console}}) \times \Delta t.$

$E = (2 + 3 + 4) \times 20 \times 3\,600$

$= \mathbf{648\,000\ J}$

> **À noter**
> Revois la fiche 23 pour le calcul de la puissance.

2. $E = \dfrac{648\,000}{3\,600} = \mathbf{180\ Wh}.$

L'énergie consommée par cet équipement lorsqu'il est en veille 20 heures par jour est de **648 000 J** ou **180 Wh**.

> **À noter**
> Convertis les durées en secondes : Δt = 20 h = 20 × 60 × 60 = 20 × 3 600 s.

3. $E' = E \times 40\,000\,000$

$= 180 \times 40\,000\,000$

$= 7{,}2 \times 10^9$ Wh

$= \mathbf{7{,}2\ GWh}.$

4. Pour économiser de l'énergie, il suffit d'**éteindre les appareils électriques** au lieu de les mettre en veille.

10 **1.**

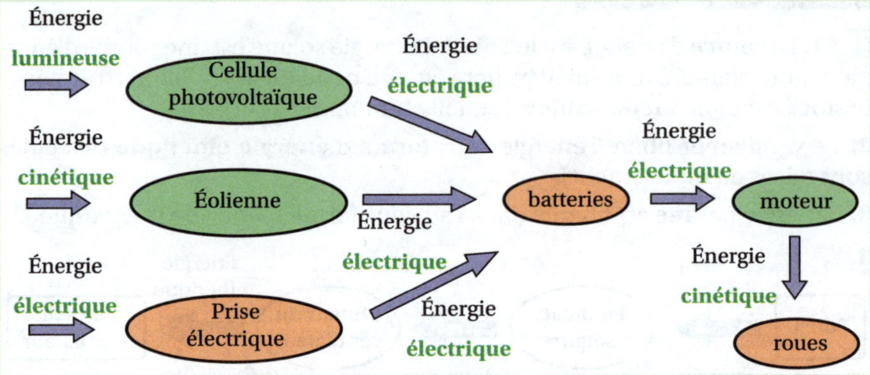

2. Le temps nécessaire aux cellules photovoltaïques pour recharger totalement les batteries est $t = \frac{E}{P} = \frac{7\,000}{300} = 23{,}3$ h.

Les cellules rechargeront totalement les batteries de la voiture en 23,3 h.

3. D'après le document 1, les cellules photovoltaïques convertissent 14 % de l'énergie que leur donne le Soleil, il y a donc 100 - 14 = 86 % de l'énergie fournie par le Soleil qui est perdue.

4. D'après le document 2, les cellules photovoltaïques perdent de l'énergie sous forme **thermique** (échauffement des cellules) et sous forme **lumineuse** (réflexion de la lumière reçue).

5. Calcul de l'énergie reçue par les cellules photovoltaïques :

÷ 2

Énergie (kwh)	%
7	14
E	100

$E = \frac{100}{2} = 50$ kWh

Lorsqu'elles produisent 7 kWh, les cellules photovoltaïques ont reçu **50 kWh**.

6. Le diagramme énergétique est incomplet car les **pertes d'énergie** des différentes parties de la chaîne énergétique n'apparaissent pas. Il manque donc sur le diagramme l'énergie lumineuse perdue par les cellules photovoltaïques (réflexion de la lumière), l'énergie thermique perdue par les cellules photovoltaïques, l'éolienne, la prise électrique, les batteries, le moteur et les roues.

Attention

Si la puissance est exprimée en watts, l'énergie doit l'être en wattheures et le temps sera alors exprimé en heures.

Rappel

Toute l'énergie reçue par les cellules photovoltaïques doit être restituée sous une forme d'énergie ou une autre : c'est la conservation de l'énergie.

7.

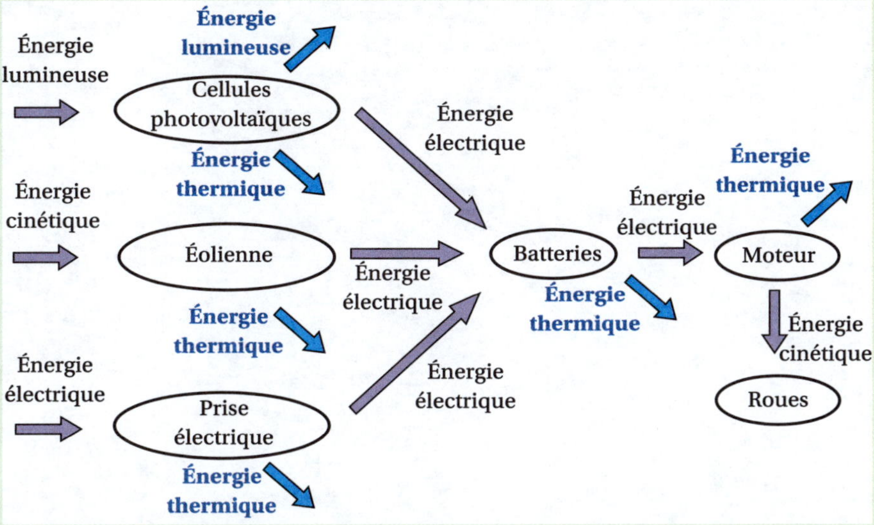
Énergie lumineuse
Énergie lumineuse
Cellules photovoltaïques
Énergie thermique
Énergie électrique
Énergie cinétique
Éolienne
Énergie électrique
Énergie thermique
Énergie électrique
Prise électrique
Énergie thermique
Énergie électrique
Batteries
Énergie thermique
Énergie électrique
Énergie thermique
Moteur
Énergie cinétique
Roues

Un transport d'énergie : l'électricité

FICHES

EXERCICES & SUJETS

CORRIGÉS

24 Connaître les circuits électriques

Les maisons, les voitures, les appareils domestiques que l'on utilise au quotidien contiennent tous des circuits électriques.

RETENIR L'ESSENTIEL

I Les éléments d'un circuit électrique

- Un circuit électrique est constitué :
- d'un **générateur** (pile, batterie), qui fournit l'énergie électrique au circuit ;
- de **récepteurs** (lampe, moteur), qui convertissent l'énergie électrique en d'autres formes d'énergie ;
- de **fils de connexion** qui transportent l'énergie électrique.
- Un composant électrique constitué de deux bornes est appelé **dipôle** (lampe, générateur, résistance, etc.).
- Un **nœud** est un point de connexion d'au moins 3 fils.
- Une **branche** est une portion de circuit comprise entre deux nœuds consécutifs.
- Une **maille** est un ensemble de branches formant une boucle fermée.

Exemple :

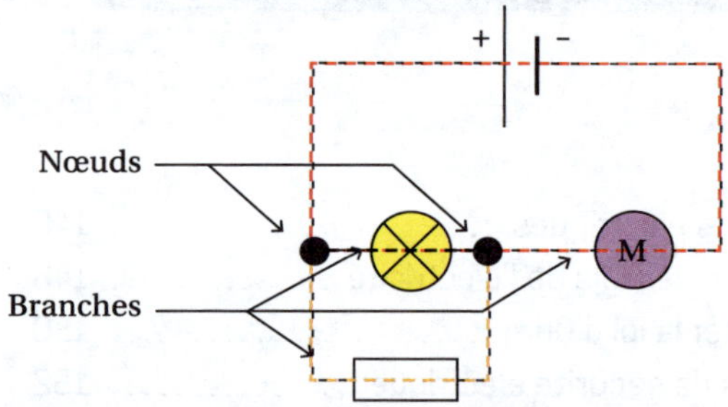

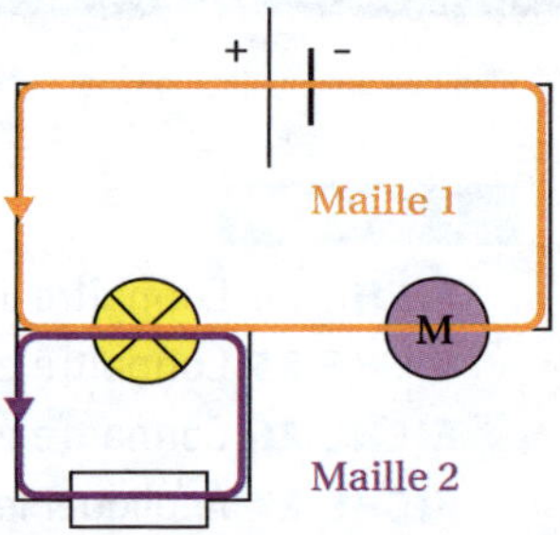

II Connaître les différentes associations de dipôles

- Des dipôles connectés les uns à la suite des autres sont branchés **en série**.
- Des dipôles dont les bornes sont reliées directement à celles d'autres dipôles sont branchés **en dérivation**.

Exemple : Sur les schémas précédents :
- la lampe et le moteur sont associés en série ;
- la lampe et la résistance sont associées en dérivation.

APPLIQUER LA MÉTHODE

Savoir schématiser un circuit électrique

Lors d'une évaluation des compétences expérimentales, Clara doit réaliser un circuit électrique comportant plusieurs mailles.

La branche principale contient un générateur et une lampe (L_1).

Une des branches secondaires contient un conducteur ohmique et un moteur, l'autre contient seulement une lampe (L_2).

Toutes les branches sont reliées aux deux mêmes nœuds.

Schématise le circuit électrique que doit réaliser Clara.

Conseils

- Repère, dans la description, les mots clés qui donnent des informations :
  – sur la structure du circuit (maille, nœud, etc.) ;
  – sur les composants du circuit (lampe, conducteur ohmique, etc.).
- Comme il n'y a pas d'indication sur le sens de branchement du générateur, tu peux placer les bornes positive et négative comme que tu le désires.
- Trace le schéma au crayon et à la règle.

Solution

Le schéma du montage que doit réaliser Clara est le suivant.

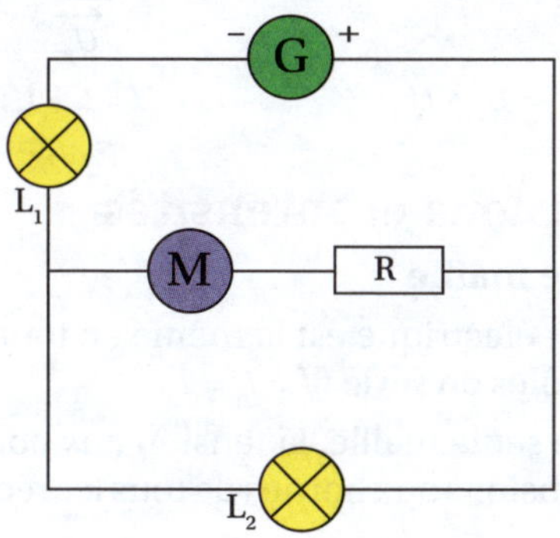

25 Connaître et exploiter les lois de l'électricité

La tension électrique et l'intensité d'un courant sont les deux caractéristiques qui permettent de définir en chaque point un circuit.

RETENIR L'ESSENTIEL

I Représentation de la tension et de l'intensité

- Dans un circuit électrique, le courant circule **de la borne positive vers la borne négative** du générateur.
- Par convention, le courant électrique est représenté par une flèche placée sur les fils ; une tension est modélisée par une flèche placée à côté du dipôle. On oriente la flèche de la tension dans le sens opposé de celui du courant électrique pour les récepteurs et dans le même sens pour les générateurs.

Exemple :

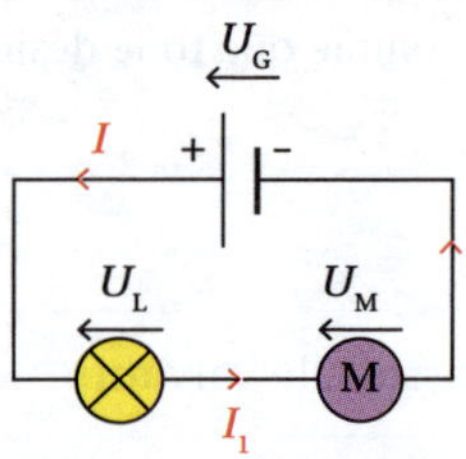

$I = I_1 = I_2$; $U_G = U_L + U_M$

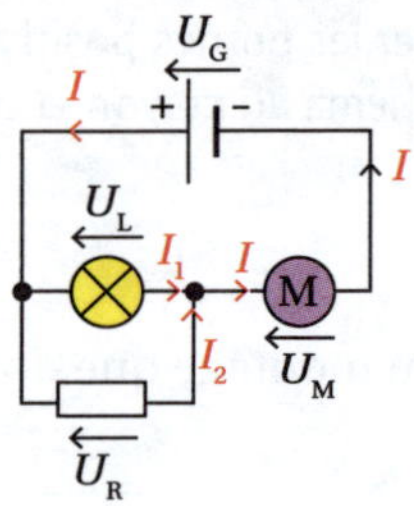

$I = I_1 + I_2$; $U_L = U_R$

II Calcul des tensions et intensités

1. Circuits à une seule maille

- L'intensité du courant électrique est la même en tout point d'un circuit qui ne compte que des dipôles en série : $I = I_1 = I_2$.
- Dans un circuit à une seule maille, la tension aux bornes du générateur est égale à la somme des tensions aux bornes de tous les récepteurs : $U_G = U_L + U_M$.

2. Circuits à plusieurs mailles

- Dans un circuit à plusieurs mailles, la somme des intensités du courant qui arrive à un nœud est égale à la somme de celles qui en partent : $I = I_1 + I_2$.
- Dans un circuit à plusieurs mailles, la tension aux bornes des dipôles branchés en dérivation est la même : $U_L = U_R$.
- Dans un circuit où tous les dipôles sont en dérivation, toutes les tensions sont alors égales à celle du générateur.

APPLIQUER LA MÉTHODE

Savoir calculer une tension électrique

Lors d'une séance de travaux pratiques, Clément doit mesurer les tensions aux bornes de tous les dipôles du circuit schématisé ci-contre.

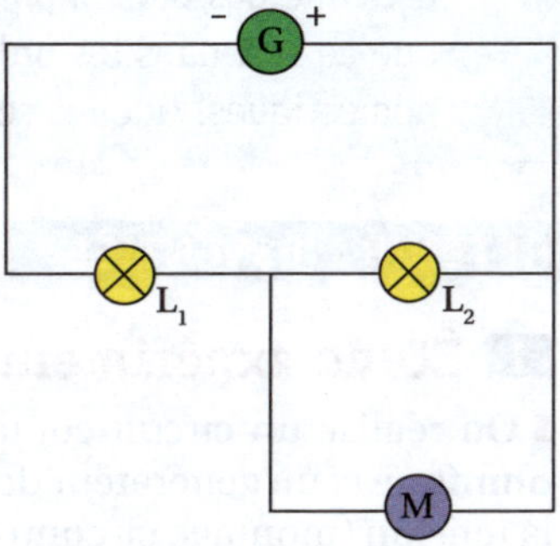

Malheureusement, par manque de temps, il n'a pu mesurer que :

– la tension aux bornes du générateur : U_G ;

– la tension aux bornes de la lampe L_2 : U_2.

Il a trouvé $U_G = 6{,}0$ V et $U_2 = 2{,}6$ V.

Déterminer les valeurs des tensions manquantes.

Conseils

- Représente les flèches des tensions aux bornes de tous les dipôles du circuit, en faisant attention à leurs sens.
- Travaille « par maille » : applique les relations entre les tensions maille par maille.

Solution

- Calcul de la tension aux bornes de la lampe 1 (U_1) :

dans la maille 1, la tension aux bornes du générateur est égale à la somme des tensions aux bornes de tous les récepteurs, on a donc $U_G = U_1 + U_2$.

On en déduit que $U_1 = U_G - U_2 = 6{,}0 - 2{,}6$ soit $\boldsymbol{U_1 = 3{,}4}$ **V**.

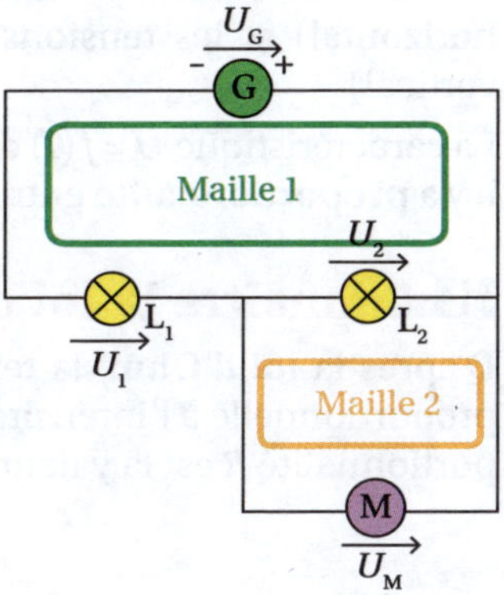

- Calcul de la tension aux bornes du moteur (U_M) :

dans la maille 2, la tension aux bornes de dipôles branchés en dérivation est la même, on a donc : $\boldsymbol{U_M = U_2 = 2{,}6}$ **V**.

Pour vérifier que tu as compris ▸ Exercices 1 et 2

Pour t'entraîner ▸ Exercices 3 à 7

Pour préparer le brevet ▸ Exercices 8 à 11

26 Connaître et exploiter la loi d'Ohm

Parmi les composants électriques, la famille des conducteurs ohmiques est l'une des plus importantes. On les retrouve dans tous les circuits, que ce soit dans les ordinateurs, les moteurs électriques ou les appareils domestiques. Quelles sont leurs caractéristiques ?

RETENIR L'ESSENTIEL

I Étude expérimentale

- On réalise un circuit contenant un **conducteur ohmique** et un générateur dont on peut faire varier la tension (montage ci-contre).

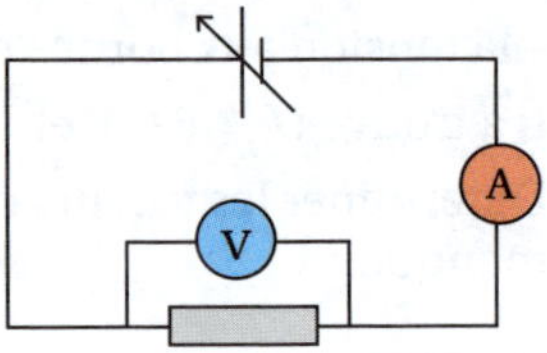

- En faisant varier la tension aux bornes du générateur, on fait varier la tension aux bornes du conducteur ohmique.
- Pour chaque valeur de la tension U aux bornes du conducteur ohmique, on relève l'intensité I du courant électrique qui le traverse.
- On trace la **caractéristique** du conducteur ohmique, c'est-à-dire la courbe représentant la tension U aux bornes du conducteur ohmique en fonction de l'intensité I qui le traverse : les intensités sont portées en abscisse (axe horizontal) et les tensions en ordonnée (axe vertical).

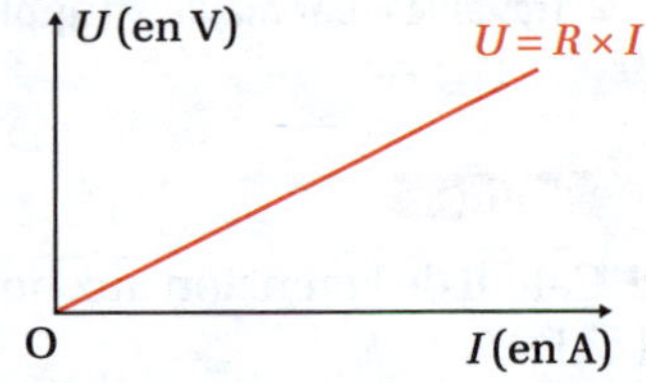

La caractéristique $U = f(I)$ d'un conducteur ohmique est une **droite linéaire** : il y a **proportionnalité** entre la tension et l'intensité du conducteur ohmique.

II Connaître la loi d'Ohm

D'après la **loi d'Ohm**, la tension aux bornes d'un conducteur ohmique est proportionnelle à l'intensité du courant qui le traverse. Le coefficient de proportionnalité R est la valeur de la résistance du conducteur ohmique.

$$U = R \times I$$

avec U, la tension en volts (V) ;
I, l'intensité en ampères (A) ;
R, la résistance du conducteur ohmique en ohms (Ω).

APPLIQUER LA MÉTHODE

Savoir appliquer une loi et rédiger un calcul

On trouve dans les moteurs électriques de nombreux conducteurs ohmiques, composants essentiels permettant de moduler l'intensité du courant. Ceci est notamment vrai dans l'industrie du jouet, que ce soit pour les avions téléguidés, les trains ou les voitures.

Un des conducteurs ohmiques du moteur électrique d'un jouet, de résistance de 245 Ω, est traversé par un courant de 20 mA.

Calculer la valeur de la tension aux bornes du dipôle.

Conseils

- Lorsque tu fais un calcul, rédige-le en respectant les étapes suivantes :
  - indique ce que tu calcules ;
  - cite la loi éventuellement utilisée ;
  - écris l'expression littérale du calcul (la formule) ;
  - écris l'application numérique (avec les valeurs) ;
  - écris le résultat sans oublier l'unité ; tu peux aussi ajouter une phrase de conclusion pour répondre à la question posée.
- Convertis les valeurs dans les unités du système international : en ohms (Ω) pour la résistance, en ampères (A) pour l'intensité du courant et en volts (V) pour la tension électrique.

Solution

- Calcul de la tension aux bornes du conducteur ohmique :

d'après la loi d'Ohm, $U_{\text{conducteur ohmique}} = R \times I$

avec $I = 20$ mA $= 0{,}020$ A ou 20×10^{-3} A

$U_{\text{conducteur ohmique}} = 245 \times 0{,}020$

$U_{\text{conducteur ohmique}} = 4{,}9$ V.

- La tension aux bornes du conducteur ohmique est égale à **4,9 V**.

Pour vérifier que tu as compris ▸ Exercices 1 et 2

Pour t'entraîner ▸ Exercices 3 à 7

Pour préparer le brevet ▸ Exercices 8 à 11

27 Appliquer les règles de sécurité électrique

Chaque année, de nombreux accidents domestiques sont dus à une mauvaise utilisation des appareils électriques ou à un mauvais état des dispositifs de sécurité des logements. Connaître quelques règles simples permettrait de limiter ces accidents.

RETENIR L'ESSENTIEL

I Connaître la puissance électrique d'un appareil

En régime continu, la puissance P consommée par un appareil est égale au produit de la tension U entre ses bornes par l'intensité du courant I qui le traverse :

$$P = U \times I$$

avec P, la puissance de l'appareil en watts (W) ;
U, la tension électrique aux bornes du dipôle en volts (V) ;
I, l'intensité du courant traversant le dipôle en ampères (A).

II Calcul de la puissance électrique d'une installation domestique

Dans une installation domestique, les appareils sont tous branchés **en dérivation** et fonctionnent tous sous la même **tension nominale U = 230 V** (la tension du secteur). La puissance reçue est égale à la somme des puissances consommées par les appareils fonctionnant simultanément.

Exemple : si un lave-vaisselle, une cafetière et deux lampes fonctionnent en même temps dans une pièce, on a : $P_{tot} = P_{LV} + P_{café} + P_{lampe1} + P_{lampe2}$.

III La sécurité des installations domestiques

- Le passage du courant électrique dans un conducteur provoque un échauffement de celui-ci. Si l'intensité du courant est trop élevée par rapport à la valeur de l'intensité maximale conseillée par le constructeur, il y a **surintensité** et **risque d'incendie**.

- Il existe deux causes principales de surintensité :
  - un trop grand nombre d'appareils branchés à une multiprise ;
  - un court-circuit.

- Les **coupe-circuits** (**fusibles** ou **disjoncteurs**) protègent l'installation électrique et le matériel en ouvrant le circuit quand l'intensité dépasse la valeur maximale admissible par l'installation.

APPLIQUER LA MÉTHODE

Calculer une puissance

Sur une multiprise, on lit l'indication suivante :

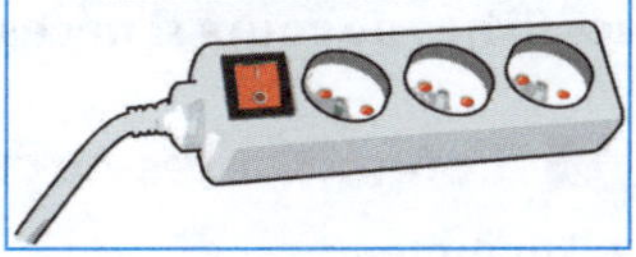

Sur cette multiprise, Audrey branche son ordinateur, de puissance 450 W, son écran plat de puissance 50 W et sa lampe de bureau qui est traversée par un courant de 174 mA.

1. Calculer la puissance de la lampe de bureau, sachant qu'elle est branchée au secteur de tension 230 V (arrondir à l'unité).

2. Calculer la puissance totale fournie aux trois appareils branchés sur la multiprise.

3. Peut-on faire fonctionner sans danger ces trois appareils simultanément ?

Conseils

1. et 2. Applique la formule $P = U \times I$ en exprimant la tension en volts et l'intensité en ampères.

3. Pour qu'il n'y ait pas de danger à faire fonctionner plusieurs appareils sur la prise multiple il faut que la puissance totale fournie soit inférieure à la puissance maximale supportée par la prise.

Solution

1. Calcul de la puissance de lampe :

$P = U \times I$

$I = 174$ mA $= 0{,}174$ A ou 174×10^{-3} A.

$P = 230 \times 0{,}174 = 40$ W.

La puissance de la lampe est de **40 W**.

2. Calcul de la puissance totale fournie aux appareils branchés sur la prise :

$P_{\text{totale}} = P_{\text{lampe}} + P_{\text{ordi}} + P_{\text{écran}} = 40 + 450 + 50 = 540$ W.

La puissance totale fournie aux appareils est de **540 W**.

3. $540 < 3\,680$: la puissance totale fournie aux appareils est inférieure à la puissance maximale supportée par la prise multiple donc les appareils **peuvent être utilisés simultanément**.

Pour vérifier que tu as compris ▶ Exercices 1 et 2

Pour t'entraîner ▶ Exercices 3 à 7

Pour préparer le brevet ▶ Exercices 8 à 11

Se tester QUIZ

Vérifie que tu as bien compris les points clés des **fiches 24 à 27.**

Pour chaque question, vérifie ta réponse à l'aide du corrigé et consulte les fiches de cours si nécessaire.

1 Connaître les circuits électriques

→ RÉVISE LES FICHES 24 À 26

1. Un moteur :

☐ **a.** produit de l'énergie électrique : c'est un générateur.
☐ **b.** convertit l'énergie électrique qu'il reçoit : c'est un récepteur.

2. Dans un circuit à plusieurs mailles :

☐ **a.** l'intensité est la même en tout point du circuit
☐ **b.** la somme des intensités du courant électrique qui arrivent à un nœud est égale à la somme des intensités du courant électrique qui en partent

3. Pourquoi peut-on dire qu'il y a proportionnalité entre U et I pour un conducteur ohmique ?

☐ **a.** Car sa caractéristique est une droite
☐ **b.** Car les points de sa caractéristique sont alignés
☐ **c.** Car sa caractéristique est une droite qui passe par l'ordonnée à l'origine

4. Quelle est la relation entre la tension et l'intensité du courant d'après la loi d'Ohm ?

☐ **a.** $U = \frac{I}{R}$

☐ **b.** $U = R \times I$

☐ **c.** $U = \frac{R}{I}$

2 Connaître les risques liés aux appareils électriques

→ RÉVISE LA FICHE 27

1. Quelle relation permet de déterminer la puissance électrique d'un appareil ?

☐ **a.** $P = \frac{U}{I}$

☐ **b.** $P = \frac{I}{U}$

☐ **c.** $P = U \times I$

2. Une surintensité peut provoquer :

☐ **a.** une explosion
☐ **b.** un incendie

S'entraîner

Vérifie que tu sais appliquer les méthodes des **fiches 24 à 27.**

Pour chaque exercice, consulte la méthode indiquée et compare ta réponse à celle donnée dans le corrigé.

3 Schéma et dessin d'un circuit

→ APPLIQUE LA MÉTHODE DE LA FICHE 24

Le circuit dessiné ci-dessous a été schématisé.

Dessin du circuit	Schéma du circuit
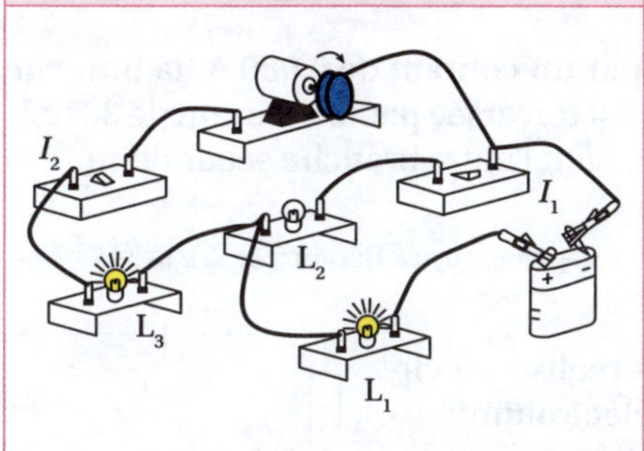	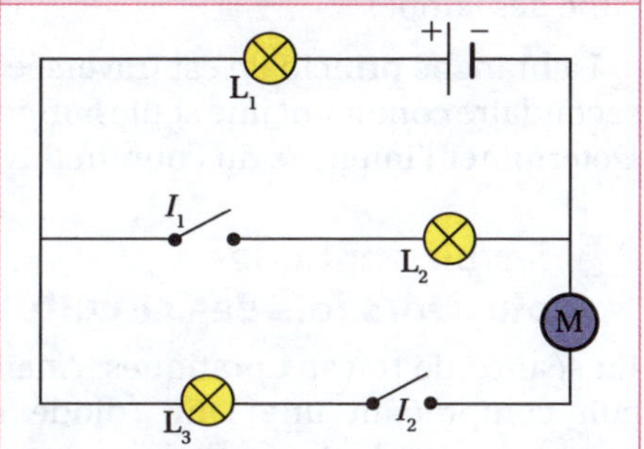

Identifier et corriger les erreurs faites sur le schéma.

4 Connaître les différentes parties d'un circuit

→ APPLIQUE LA MÉTHODE DE LA FICHE 24

1. Schématiser le circuit représenté ci-dessous. Repérer les nœuds par des gros points bleus et surligner chacune des branches du circuit.

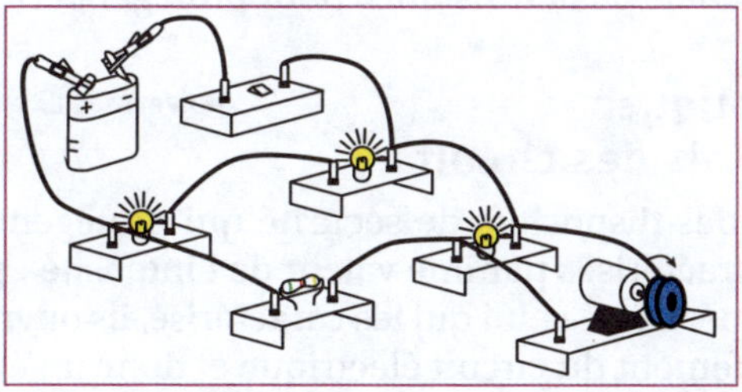

2. Combien de mailles ce circuit contient-il ? Les représenter.

5 Savoir calculer des intensités et des tensions électriques

→ APPLIQUE LA MÉTHODE DE LA FICHE 25

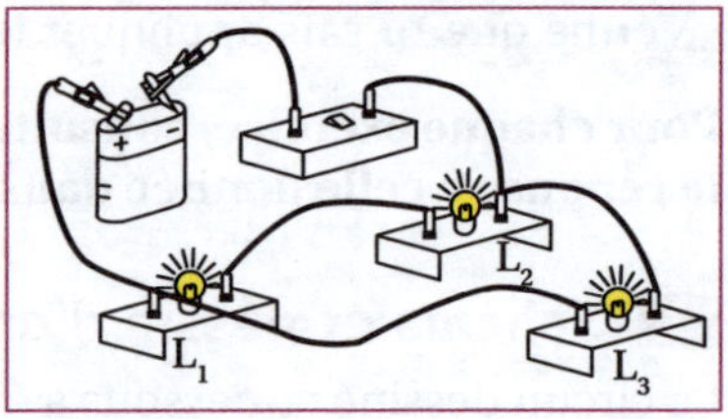

1. Reproduire le schéma du circuit ci-contre et y représenter le trajet du courant électrique et les tensions aux bornes des différents dipôles.

2. La pile délivre une tension de 4,5 V, les lampes L_1 et L_2 ont toutes les deux la même tension entre leurs bornes. Déterminer la tension aux bornes de chacune des lampes.

3. La branche principale est traversée par un courant de 0,080 A, la branche secondaire contenant une seule lampe est traversée par un courant de 30 mA. Déterminer l'intensité du courant traversant l'autre branche secondaire.

6 Savoir appliquer plusieurs lois des circuits

→ APPLIQUE LA MÉTHODE DES FICHES 25 ET 26

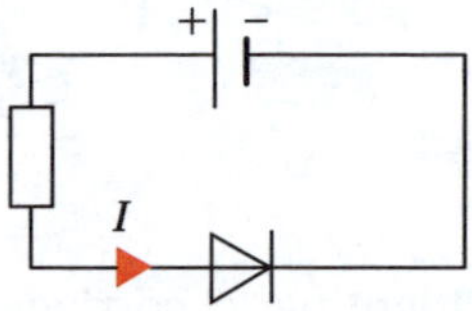

En séance de travaux pratiques, Anaïs réalise un circuit comprenant une DEL (diode électroluminescente), un conducteur ohmique pour la protéger des surtensions et un générateur.

1. Comment les dipôles sont-ils branchés les uns par rapport aux autres ?

2. Le générateur délivre une tension de 4,5 V et la tension mesurée entre les bornes de la DEL est de 0,8 V. Quelle est la tension aux bornes du conducteur ohmique ?

3. Le courant qui traverse la diode ne doit pas dépasser 60 mA. Quelle doit être la valeur minimale de la résistance pour protéger la DEL ?

7 Savoir appliquer plusieurs lois des circuits

→ APPLIQUE LA MÉTHODE DE LA FICHE 27

Les fusibles sont des dispositifs de sécurité qui protègent les circuits électriques. Ils sont caractérisés par une valeur de l'intensité ; s'ils sont traversés par un courant supérieur à celui qui les caractérise, ils ouvrent le circuit pour éviter tout échauffement du circuit électrique et donc un éventuel incendie.

Une prise électrique est protégée par un fusible de 10 A.

Pour préparer un brunch, on veut faire fonctionner simultanément sur cette prise un gaufrier de puissance 1,0 kW, une plaque de cuisson de puissance 2 300 W et une cafetière de puissance 800 W.

1. Calculer la puissance totale des appareils branchés sur la prise.
2. Calculer l'intensité du courant que va délivrer la prise (arrondir a l'unité).
3. Peut-on faire fonctionner ces trois appareils en même temps ? Pourquoi ?
4. Si on fait fonctionner ces appareils simultanément, que va-t-il se passer ?

Vers le brevet

Exerce-toi en vue du brevet et révise les **fiches 24 à 27.**

Pour chaque sujet, aide-toi des conseils donnés et compare ta réponse à celle donnée dans le corrigé.

TYPE 8 — 20 min — Étude d'un circuit électrique

→ APPLIQUE LA MÉTHODE DES FICHES 25 ET 26

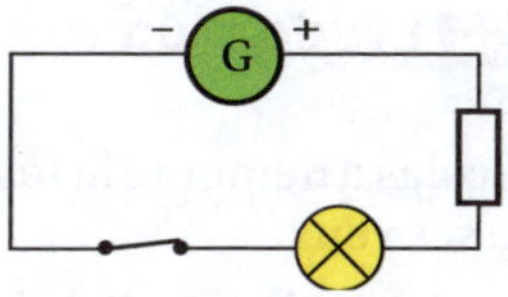

1. Représenter le sens du courant et les flèches de tension des dipôles du circuit.
2. L'intensité du courant traversant le conducteur ohmique est $I_R = 0{,}25$ A. A-t-on besoin de plusieurs mesures pour connaître l'intensité du courant traversant les autres dipôles ? Pourquoi ?
3. Les tensions aux bornes de certains dipôles ont été notées dans le tableau ci-dessous :

Dipôle	Générateur	Conducteur ohmique
Tension (V)	9,0	5,0

a. Déterminer la valeur de la tension aux bornes de la lampe.
b. Déterminer la valeur de la résistance du conducteur ohmique.

Démarrons ensemble

3.a. Dans un circuit à une seule maille, la tension aux bornes du générateur est égale à la somme des tensions aux bornes de tous les récepteurs.
3.b. Applique la loi d'Ohm.

TYPE 9 — 20 min — Utilisation d'une multiprise

→ APPLIQUE LA MÉTHODE DE LA FICHE 27

On veut brancher simultanément sur une multiprise un radiateur électrique de puissance 2 kW et un fer à repasser de puissance 1 500 W.

Le constructeur de la multiprise indique qu'elle supporte au maximum 10 A.

1. Comment les deux appareils électriques sont-ils branchés l'un par rapport à l'autre ?

2. Calculer la puissance totale des appareils branchés sur la multiprise.

3. Calculer l'intensité du courant qui circule dans la multiprise.

4. Peut-on faire fonctionner ces deux appareils en même temps ? Pourquoi ?

5. Si on fait fonctionner ces deux appareils simultanément, que va-t-il se passer ?

Démarrons ensemble

2. Exprime toutes les puissances en watts.

3. La tension de la multiprise est celle du secteur sur lequel elle est branchée ($U = 230$ V).

SUJET TYPE

10 Étude d'un robot

45 min

→ APPLIQUE LA MÉTHODE DES FICHES 24 À 27

Nicolas a démonté la tête de son robot afin de remplacer la lampe grillée d'un de ses yeux.

Il note que le circuit de la tête du robot comporte d'une part deux lampes pour les yeux (une par œil), d'autre part un moteur relié à un conducteur ohmique pour faire tourner l'hélice située sur le crâne ; et que tous les dipôles sont reliés à la pile du robot qui délivre une tension de 12 V et une intensité de 350 mA.

Le constructeur a conçu le circuit de telle façon que si une des deux lampes grille, l'hélice tourne encore.

1. Proposer un schéma possible pour le circuit.

2. Son père indique à Nicolas qu'à partir des anneaux de couleur tracés sur le conducteur ohmique, il peut déterminer la valeur de sa résistance.

Déterminer grâce aux documents 1 et 2 la valeur de la résistance annoncée par le constructeur $R_{constructeur}$.

Document 1 **Le conducteur ohmique trouvé par Nicolas dans son robot**

Document 2 Code couleur des conducteurs ohmiques

L'analyse de la couleur des anneaux représentés sur un conducteur ohmique nous permet de déterminer la valeur théorique de sa résistance.
Le conducteur ohmique représenté a une résistance de 25 (anneau 1 rouge et anneau 2 vert) × 1 000 (anneau 3 orange) = 25 000 Ω ± 10 % (anneau 4 argent).

Un code de couleur simple

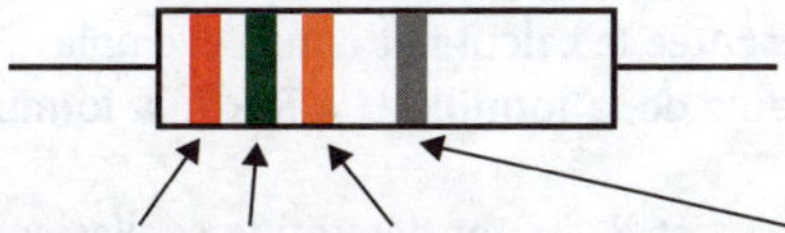

Chiffre 1 — Chiffre 2

Couleur	Chiffre
noir	0
brun	1
rouge	2
orange	3
jaune	4
vert	5
bleu	6
violet	7
gris	8
blanc	9

Nombre de zéros

Couleur	Multiplicateur
argent	× 0,01
or	× 0,1
noir	× 1
brun	× 10
rouge	× 100
orange	× 1000
jaune	× 10K
vert	× 100K
bleu	× 1M
violet	× 10M

Tolérance

Couleur	Tolérance
argent	+/–10%
or	+/–5%

Ce résistor a une résistance de :
25 000 Ω ± 10 %
ou
25 kΩ à 10 %

3. Comme Nicolas a appris en classe qu'il peut déterminer une résistance à partir de la tension aux bornes du conducteur ohmique U_R et de I_R l'intensité du courant qui le traverse, il décide de les mesurer dès qu'il retournera en classe de physique-chimie (doc. 3).

Déterminer par le calcul la valeur expérimentale de la résistance $R_{mesurée}$.

4. Comparer la valeur de la résistance annoncée par le constructeur et celle trouvée par Nicolas. Conclure.

5. Déterminer la tension aux bornes du moteur et sa puissance.

6. Déterminer l'intensité du courant traversant les lampes.

Document 3 Mesures de la tension et de l'intensité aux bornes du conducteur ohmique

« Expérimentalement, Nicolas a trouvé :
tension aux bornes du conducteur ohmique $U_R = 3$ V ;
intensité du courant $I_R = 150$ mA.

Démarrons ensemble

1. L'indication « si une lampe ne fonctionne plus, le moteur continue de fonctionner » indique qu'il s'agit d'un circuit avec dérivation. D'après l'énoncé le circuit comporte, en plus de la pile, d'une part deux lampes, d'autre part un moteur et un conducteur ohmique ; on en déduit qu'une branche du circuit contient les deux lampes et que l'autre branche contient le moteur et le conducteur ohmique.
2. Applique à la situation présentée le calcul fait dans l'exemple.
3. Utilise la loi d'Ohm et déduis de la formule $U = R \times I$, la formule qui permet de calculer R.
4. Compare les valeurs $R_{\text{constructeur}}$ et $R_{\text{mesurée}}$ et détermine si elles sont proches ou non. Pour une réponse très complète, tu peux calculer à combien correspondent 10 % de $R_{\text{constructeur}}$ et voir si tu obtiens :
$R_{\text{constructeur}} - 10\,\% < R_{\text{mesurée}} < R_{\text{constructeur}} + 10\,\%$.
5. Cherche les informations dont tu as besoin dans l'énoncé et dans les documents.
6. Ta réponse doit se faire en deux parties.

SUJET TYPE

11 Bien choisir la puissance de son compteur électrique

15 min

→ APPLIQUE LA MÉTHODE DE LA FICHE 27

Julie doit partir vivre seule à Strasbourg pour ses études supérieures. Elle loue un studio dans lequel le chauffage fonctionne au fioul et l'eau chaude est obtenue grâce à un chauffe-eau électrique.

Lors de son emménagement, elle doit souscrire un abonnement à un fournisseur d'électricité. Elle apprend que le type d'abonnement dépend de la puissance électrique choisie pour le compteur électrique.

Avant de souscrire un abonnement, elle souhaite déterminer la puissance électrique dont elle a besoin.

Document 1 Puissance électrique des compteurs électriques

« La puissance d'un compteur électrique est exprimée en kilowatts (kW). Il existe plusieurs paliers de puissance électrique pour les particuliers, les plus courants sont 3 kW ; 6 kW ; 9 kW et une puissance supérieure ou égale à 12 kW.

Pour connaître la puissance de compteur nécessaire dans une habitation, il faut calculer la puissance cumulée des appareils électriques branchés sur l'installation et susceptibles de fonctionner simultanément. Cette puissance cumulée instantanée doit être inférieure à la puissance électrique du compteur.

Document 2 Appareils électriques contenus dans le studio et leurs caractéristiques

Appareil	Puissance (W)
Réfrigérateur	150
Plaque de cuisson	2 100
Four à micro-ondes	700
Chauffe-eau	1 200
Télévision en veille	5
Télévision en fonctionnement	80
Grille-pain	950
Ordinateur	45
Box internet + TV	5
Lampes (×4)	40 chacune
Chauffage soufflant de la salle de bain	1 500
Sèche-cheveux	2 300
Chargeur	5

Document 3 Utilisation des appareils électriques dans la journée par Julie

« Le matin, avant d'aller en cours, Julie se fait chauffer de l'eau pour son thé, fait griller ses tartines en mettant des clips sur la télévision, en même temps, elle se sèche les cheveux. Comme elle est frileuse, elle enclenche le chauffage soufflant dans la salle de bain. Pendant tout ce temps, deux lampes sont allumées.
Le soir, alors qu'elle travaille sur son ordinateur, elle fait cuire des pâtes dans une casserole et un gâteau au four à micro-ondes. Pendant ce temps, deux lampes sont allumées et son téléphone portable se recharge.
Un peu défectueux, le chauffe-eau doit fonctionner en continu pour maintenir l'eau à bonne température, la télévision reste en veille lorsqu'elle n'est pas utilisée.

Déterminer la puissance électrique que Julie doit choisir pour son abonnement.

Démarrons ensemble

Détermine la puissance totale consommée le matin et le soir puis compare ces valeurs aux différentes puissances électriques possibles pour les compteurs.

Se tester QUIZ

1 **1. Réponse b.**
2. Réponse b.
3. Réponse c.
4. Réponse b.

2 **1. Réponse c.**
2. Réponse b.

S'entraîner

3 ▪ D'après le dessin, la lampe L_3 et le moteur fonctionnent, donc l'interrupteur I_2 doit être fermé ce qui n'est pas le cas sur le schéma.

▪ Sur le dessin la lampe L_2 est reliée à la lampe L_1 alors que sur le schéma c'est l'interrupteur I_1, il faut donc représenter la branche secondaire située au milieu du circuit dans l'autre sens.

Dessin du circuit	Schéma du circuit
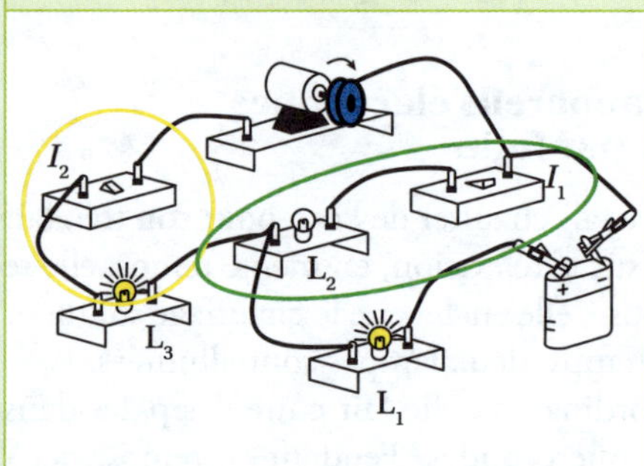	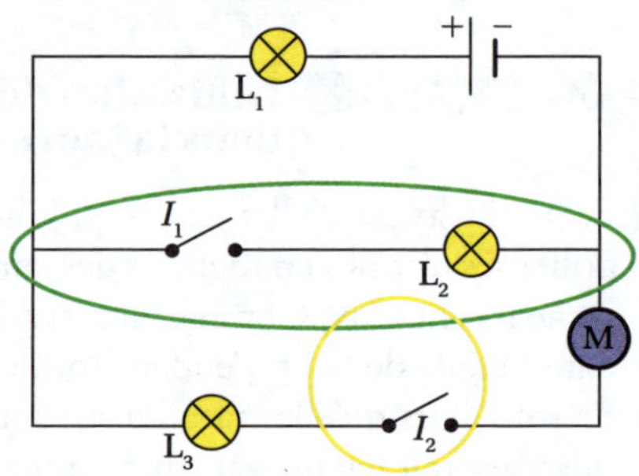

4 **1.**

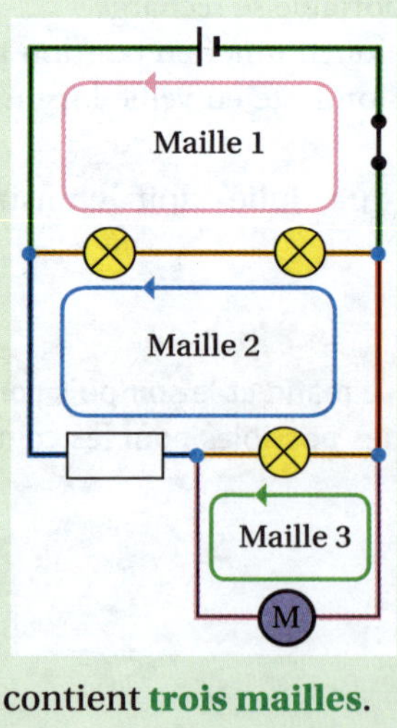

2. Le circuit contient **trois mailles.**

5 **1.**

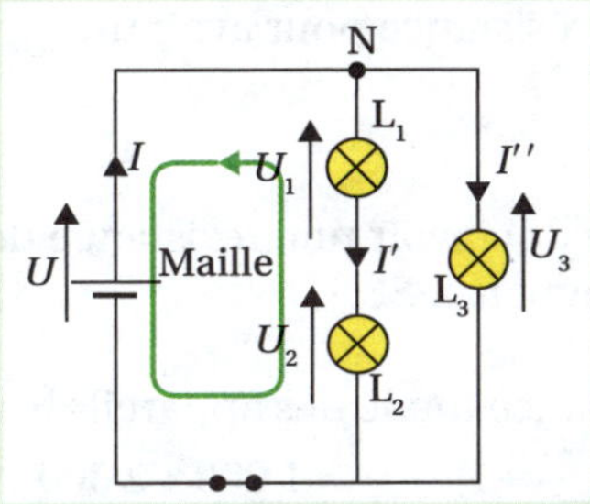

2. Calcul de la tension aux bornes des lampes L_1 et L_2 : dans la maille 1, nous avons $U = U_1 + U_2$.

Mais comme les lampes L_1 et L_2 ont la même tension entre leurs bornes, nous avons $U_1 = U_2$.

On en déduit $U = 2 \times U_1$.

On obtient $U_1 = \frac{U}{2} = \frac{4,5}{2} = 2,25$ V.

Les lampes L_1 et L_2 ont une tension de **2,25 V** entre leurs bornes.

3. Calcul de l'intensité du courant traversant la branche secondaire contenant les deux lampes :

dans un circuit à plusieurs mailles, la somme des intensités du courant qui arrive à un nœud est égale à la somme de celles qui en partent : au nœud N, on a $I = I' + I''$.

On en déduit que $I' = I - I'' = 0,080 - 0,030 = 0,050$ A.

L'intensité du courant traversant la branche secondaire contenant les deux lampes est égale à **0,050 A**.

Méthode
Si $U_1 = U_2$, nous pouvons remplacer U_2 par U_1 dans les calculs, donc nous avons :
$U = U_1 + U_2 = U_1 + U_1$
$= 2 \times U_1$.

Méthode
Il s'agit d'un circuit à plusieurs mailles, tu dois donc trouver le nœud du circuit qui te permettra de calculer I'.

Attention !
Tu dois convertir les intensités en ampères.

6 **1.** Dans ce circuit, les dipôles sont branchés **en série** les uns par rapport aux autres.

2. Dans un circuit avec une maille, la tension aux bornes du générateur est égale à la somme des tensions aux bornes de tous les récepteurs. Nous avons donc ici $U_{pile} = U_{DEL} + U_R$.

On en déduit $U_R = U_{pile} - U_{DEL} = 4,5 - 0,8 = 3,7$ V.

La tension aux bornes du conducteur ohmique est égale à **3,7 V**.

3. La DEL et le conducteur ohmique sont branchés en série, ils sont donc traversés par le même courant électrique, donc $I_R = 60$ mA.

Rappel
Un circuit en série est un circuit avec une maille.

Méthode
Commence par déterminer l'intensité du courant qui traverse le conducteur ohmique, puis à l'aide de la loi d'Ohm, détermine la valeur de la résistance qui correspond à cette intensité.
Pense à convertir l'intensité en ampères.

Calcul de la valeur de la résistance pour avoir une intensité de 60 mA :

$$R = \frac{U_R}{I_R} = \frac{3,7}{0,060} = 62\ \Omega.$$

Le conducteur ohmique doit avoir une résistance de **62 ohms** au minimum pour protéger correctement la DEL.

7 **1.** Calcul de la puissance totale des appareils branchés sur la prise :

$P_{\text{totale}} = P_{\text{gaufrier}} + P_{\text{plaque de cuisson}} + P_{\text{cafetière}} = 1\,000 + 2\,300 + 800 = 4\,100$ W.

La puissance totale des appareils est de **4 100 W**.

2. Calcul de l'intensité du courant que va délivrer la prise :

$$I = \frac{P}{U} = \frac{4\,100}{230} = 18\ \text{A}$$

L'intensité que devrait délivrer la prise est égale à **18 A**.

3. Nous ne pouvons pas faire fonctionner ces trois appareils en même temps, car l'intensité délivrée par la prise est supérieure à celle indiquée sur le fusible.

4. Si on fait fonctionner ces appareils simultanément, le fusible va « sauter » et ouvrir le circuit pour éviter toute surintensité qui entrainerait un échauffement des fils et risquerait de provoquer un incendie.

Info
Le secteur délivre une tension de 230 V.

Vers le brevet

8 **1.**

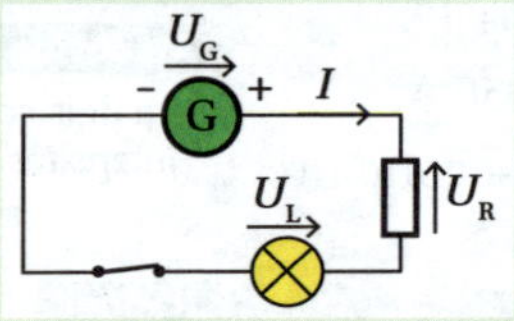

2. Pour connaître la valeur de l'intensité du courant traversant les dipôles du circuit, il n'est pas nécessaire de faire de mesure car dans un circuit à une maille l'intensité du courant électrique est la même en tous points :

$I_R = I_L = I_G =$ **0,25 A**.

3. a. Dans un circuit à une maille, la tension aux bornes du générateur est égale à la somme des tensions aux bornes de tous les récepteurs :

$U_G = U_L + U_R$. On en déduit $U_L = U_G - U_R = 9,0 - 5,0 =$ **4,0 V**.

b. D'après la loi d'Ohm : $U = R \times I$, d'où : $R = \frac{U}{I} = \frac{5,0}{0,25} =$ **20 Ω**.

À noter
Pour les générateurs, la flèche de tension est dans le même sens que celle du courant électrique ; pour les récepteurs, les flèches sont dans le sens opposé.

9 **1.** Les deux appareils électriques sont branchés en **dérivation**.

À noter
Exprime toutes les puissances en watts (W).

2. Calcul de la puissance totale des appareils branchés sur la multiprise :

$P_{tot} = P_{radiateur} + P_{fer} = 2\,000 + 1\,500 = \mathbf{3\,500\ W}$.

3. La multiprise délivre une puissance de 3 500 W.
Elle est branchée sur le secteur et a donc une tension de 230 V.

L'intensité qui traverse la multiprise est :

$$I = \frac{P_{tot}}{U} = \frac{3\,500}{230} = \mathbf{15\ A}.$$

4. On ne peut pas faire fonctionner ces deux appareils en même temps car l'intensité nécessaire est supérieure à celle supportée par la multiprise.

5. Si on fait fonctionner ces deux appareils simultanément, il y aura une **surintensité** et une surchauffe des fils, ce qui peut provoquer un incendie.

10 **1.**

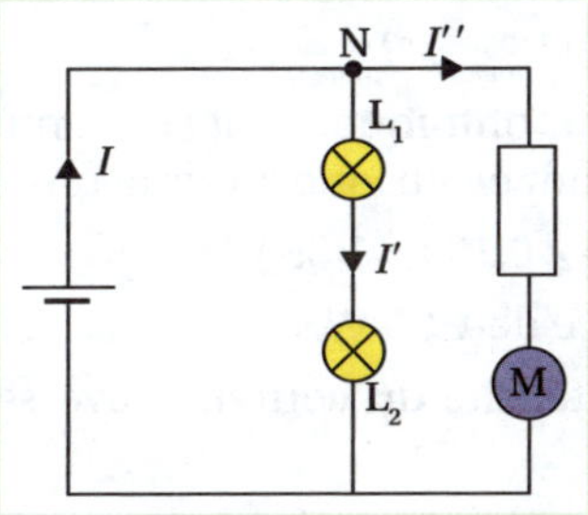

2. Détermination de la valeur de la résistance annoncée par le constructeur $R_{constructeur}$:
- le premier anneau du conducteur ohmique est rouge : 2 ;
- le deuxième anneau du conducteur ohmique est rouge : 2 ;
- le troisième anneau du conducteur ohmique est noir : × 1 ;
- le quatrième anneau du conducteur ohmique est argent : 10 % ;
- la résistance du conducteur ohmique est de 22 × 1 = **22 Ω ± 10 %**.

3. Calcul de valeur expérimentale de la résistance $R_{mesurée}$:

d'après la loi d'Ohm, on sait que $U = R \times I$;

on en déduit $R_{mesurée} = \frac{U}{I} = \frac{3}{0{,}150} = 20.$

Attention !
Tu dois convertir les intensités en ampères.

La valeur expérimentale de la résistance est égale à **20 Ω**.

4. On remarque que $R_{mesurée}$ est **presque égale** à $R_{constructeur}$.

Calcul de l'intervalle de valeurs possibles annoncé par le constructeur :

10 % de $R_{constructeur}$ = 2,2 Ω.

$R_{constructeur} - 2,2 = 22 - 2,2 = 19,8\ \Omega$

$R_{constructeur} + 2,2 = 22 + 2,2 = 24,2\ \Omega$

On remarque que $19,8\ \Omega < R_{mesurée} < 24,2\ \Omega$

La valeur expérimentale se trouve dans l'intervalle annoncé par le constructeur.

Méthode
Pour calculer 10 % de $R_{constructeur}$, tu dois faire : $\frac{10 \times R_{constructeur}}{100}$.

5. Calcul de la tension aux bornes du moteur :

le moteur et le conducteur ohmique font partie de la même maille, nous avons donc : $U_{pile} = U_{moteur} + U_{conducteur\ ohmique}$.

On en déduit : $U_{moteur} = U_{pile} - U_{conducteur\ ohmique} = 12 - 3 = 9$ V.

La tension aux bornes du moteur est de **9 V**.

Calcul de la puissance du moteur :

nous savons que $P_{moteur} = U_{moteur} \times I_{moteur}$;

le moteur et le conducteur ohmique étant sur la même branche, ils sont traversés par le même courant électrique, nous avons donc $I_{moteur} = 0,150$ A.

$P_{moteur} = U_{moteur} \times I_{moteur} = 9 \times 0,150 = 1,35$ W ;

le moteur a une puissance de **1,35 W**.

Attention !
Tu dois convertir les intensités en ampères.

6. Détermination de l'intensité du courant traversant les lampes :

les deux lampes sont branchées en série, elles sont donc traversées par la même intensité ;

dans un circuit à plusieurs mailles, la somme des intensités du courant qui arrive à un nœud est égale à la somme de celles qui en partent : au nœud N, on a $I = I' + I''$;

on en déduit $I = I - I'' = 350 - 150 = 200$ mA.

L'intensité du courant qui traverse les lampes est égal à **200 mA** soit **0,200 A**.

Méthode
Ton raisonnement doit se faire en deux temps, le premier pour dire que les deux lampes ont la même intensité, le second pour en calculer la valeur.

11 Calcul de la puissance électrique nécessaire le matin

D'après le document 3, les appareils utilisés par Julie simultanément le matin sont : la plaque de cuisson, le grille-pain, la télévision, la box, le sèche-cheveux, le chauffage, deux lampes, le réfrigérateur et le chauffe-eau ; la puissance cumulée instantanée le matin est :

$P_{totale\ matin} = P_{plaque\ cuisson} + P_{grille\text{-}pain} + P_{TV} + P_{box} + P_{sèche\text{-}cheveux} + P_{chauffage} + 2 \times P_{lampe} + P_{chauffe\text{-}eau} + P_{réfrigérateur}$

Attention !
Pense à convertir toutes les puissances en watts.

$P_{\text{totale matin}} = 2\,100 + 950 + 80 + 5 + 2\,300 + 1\,500 + 2 \times 40 + 1\,200 + 150$

$P_{\text{totale matin}} = 8\,365$ W.

Le matin Julie consomme simultanément 8 365 W.

Calcul de la puissance nécessaire le soir

D'après le document 3, les appareils utilisés par Julie simultanément le soir sont : la plaque de cuisson, le four à micro-ondes, l'ordinateur, la box, la TV en veille, deux lampes, le réfrigérateur et le chauffe-eau ; la puissance cumulée instantanée le soir est :

$P_{\text{totale soir}} = P_{\text{plaque cuisson}} + P_{\text{four}} + P_{\text{box}} + P_{\text{chargeur}} + P_{\text{TV en veille}} + 2 \times P_{\text{lampe}} + P_{\text{chauffe-eau}} + P_{\text{réfrigérateur}}$

$P_{\text{totale soir}} = 2\,100 + 700 + 5 + 5 + 5 + 2 \times 40 + 1\,200 + 150$

$P_{\text{totale soir}} = 4\,245$ W

Le soir Julie consomme simultanément 4 245 W.

Julie consomme entre 4 245 W et 8 365 W, elle doit donc prendre un abonnement pour une puissance électrique de **9 kW**.

DES SIGNAUX POUR OBSERVER ET COMMUNIQUER

Lumières et distances

FICHES

EXERCICES & SUJETS

CORRIGÉS

28 Connaître et exploiter la propagation de la lumière

La lumière a toujours été un sujet d'étude passionnant pour les physiciens. Se déplaçant à travers l'espace à très grande vitesse, elle est la source principale d'information concernant l'Univers qui nous entoure.

RETENIR L'ESSENTIEL

I Les sources de lumière

- Une **source primaire** de lumière est un objet qui produit la lumière qu'il émet.

Exemple : les étoiles sont des sources primaires de lumière, car la lumière émise résulte de réactions nucléaires ayant lieu au cœur des étoiles.

- Une **source secondaire** de lumière renvoie une partie de la lumière qu'elle reçoit. Elle renvoie cette lumière dans toutes les directions : c'est un **objet diffusant**.

Exemple : la Lune est un objet diffusant la lumière reçue du Soleil.

II La propagation rectiligne de la lumière

La lumière se propage **en ligne droite** dans un milieu transparent, homogène et isotrope.

Exemple : dans le vide et dans l'air qui nous entoure, la lumière se propage en ligne droite.

Mots-clés

- **Homogène** signifie que les caractéristiques du milieu sont les mêmes en tout point.
- **Isotrope** signifie que toutes les directions dans le milieu sont équivalentes.

III Exploiter la propagation rectiligne de la lumière

Un **faisceau de lumière** est constitué d'une infinité de **rayons lumineux** qui sont modélisés par des droites sur lesquelles on indique le sens de propagation par une flèche.

Ce modèle permet, par exemple, de calculer la hauteur d'un objet par la mesure de son ombre.

Exemple : on mesure les longueurs L_1 et L_2 de deux ombres, puis on applique la relation de proportionnalité entre hauteur et longueur de l'ombre : $\frac{H}{L_1}=\frac{h}{L_2} \Leftrightarrow H=\frac{L_1 \times h}{L_2}$.

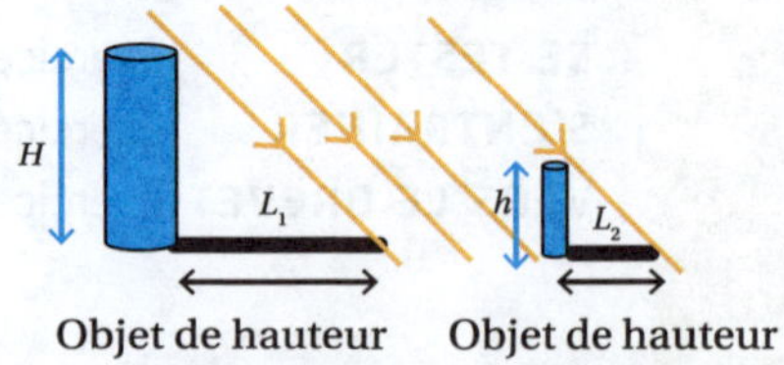

Objet de hauteur inconnue H — Objet de hauteur connue h

APPLIQUER LA MÉTHODE

Calculer une hauteur à l'aide de rayons lumineux

On mesure, dans un jardin, les ombres respectives de deux arbres : celle d'un grand chêne ($L_{\text{chêne}}$) et celle d'un citronnier ($L_{\text{citronnier}}$). On mesure également la hauteur du citronnier : 1,56 m.

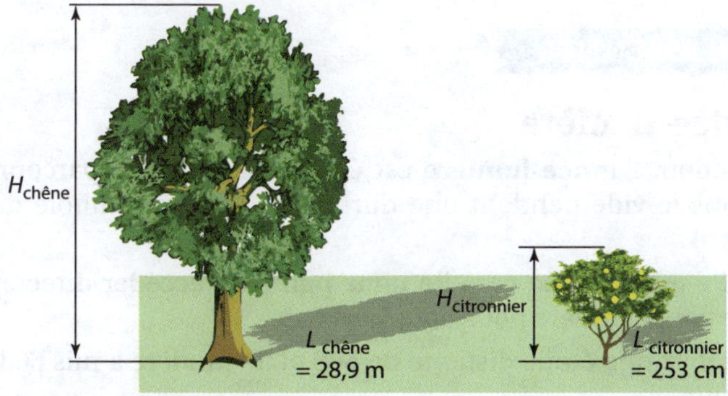

Calculer la hauteur du grand chêne.

Conseils

- Souviens-toi que les hauteurs des objets et les longueurs de leurs ombres sont proportionnelles.
- Pense à mettre toutes les longueurs dans la même unité de longueur.

Solution

- On convertit l'ombre du citronnier en mètres :

$L_{\text{citronnier}} = 253 \text{ cm} = 2{,}53 \text{ m}.$

- On applique la relation de proportionnalité entre hauteur et longueur :

$$\frac{H_{\text{chêne}}}{H_{\text{citronnier}}} = \frac{L_{\text{chêne}}}{L_{\text{citronnier}}} \Leftrightarrow H_{\text{chêne}} = \frac{H_{\text{citronnier}} \times L_{\text{chêne}}}{L_{\text{citronnier}}} = \frac{1{,}56 \times 28{,}9}{2{,}53} = \mathbf{17{,}8\ m}$$

Pour vérifier que tu as compris ▸ Exercices 1 et 2
Pour t'entraîner ▸ Exercices 3 à 5
Pour préparer le brevet ▸ Exercices 6 à 8

29 Calculer les distances dans l'Univers

Pour exprimer les distances qui séparent le Soleil des étoiles les plus proches, le mètre ou le kilomètre sont des unités de longueur beaucoup trop petites. Les astronomes ont défini une unité de longueur adaptée : l'année-lumière.

RETENIR L'ESSENTIEL

I L'année-lumière

- Par définition, l'**année-lumière** est égale à la distance parcourue par la lumière dans le vide pendant une durée d'un an. Le symbole de l'année-lumière est **al**.
- Cette unité est pratique car elle nous permet d'accéder directement à la durée mise par la lumière pour nous parvenir.

Exemple : pour une étoile distante de 668 al, la lumière a mis 668 ans pour nous parvenir.

- Ceci nous montre que plus une étoile est éloignée de nous, plus la lumière qui nous parvient aujourd'hui a été émise il y a longtemps dans le passé : **voir loin, c'est voir dans le passé**.
- Conversions utiles :

$$1 \text{ al} = 9{,}46 \times 10^{12} \text{ km} = 9{,}46 \times 10^{15} \text{ m}$$

II Calculer un ordre de grandeur

- Par définition, l'ordre de grandeur d'une valeur est égal à la puissance de 10 la plus proche de cette valeur.
- Il faut respecter un processus en trois étapes :

– mettre la valeur en **notation scientifique :** $N = a \times 10^n$ où a est compris entre 1 et 10 ;
– trouver l'encadrement en puissances de 10 ;
– choisir la puissance de 10 la plus proche du nombre : si a est inférieur à 5, on choisit la puissance de 10 la plus petite ; si a est supérieur ou égal à 5, on choisit la puissance de 10 la plus grande.

Exemples :

• Trouver l'ordre de grandeur d'une distance inférieure à 1 : $D = 9{,}2 \times 10^{-4}$ m.
$10^{-4} < 9{,}2 \times 10^{-4} < 10^{-3}$, donc l'ordre de grandeur est 10^{-3} m.

• Trouver l'ordre de grandeur d'une distance supérieure à 1 : $D = 3{,}4 \times 10^{7}$ m.
$10^{7} < 3{,}4 \times 10^{7} < 10^{8}$, donc l'ordre de grandeur est 10^{7} m.

APPLIQUER LA MÉTHODE

Déterminer l'ordre de grandeur d'une longueur

On trouve, dans le Système solaire, des objets dont les dimensions peuvent être très différentes.

Objet	Dimension
Soleil	$1{,}39 \times 10^{8}$ km
Pluton	7 232 km
Comète de Halley	15 km
Nano-poussière interplanétaire	$8{,}69 \times 10^{-12}$ km

Trouver l'ordre de grandeur de chacune des dimensions.

Conseils

- Mets chaque nombre en notation scientifique : $A \times 10^{n}$ où A est supérieur ou égal à 1 et strictement inférieur à 10.
- Remplacer A par 1 si A est inférieur strictement à 5 et par 10 si A est supérieur ou égal à 5, puis calculer l'ordre de grandeur.

Solution

Objet	Dimension	Notation scientifique	Ordre de grandeur
Soleil	$1{,}39 \times 10^{8}$ km	$1{,}39 \times 10^{8}$ km	**10^{8} km**
Pluton	7 232 km	$7{,}232 \times 10^{3}$ km	**10^{4} km**
Comète de Halley	15 km	$1{,}5 \times 10^{1}$ km	**10^{1} km**
Nano-poussière interplanétaire	$8{,}69 \times 10^{-12}$ km	$8{,}69 \times 10^{-12}$ km	**10^{-11} km**

Pour vérifier que tu as compris
▶ Exercices 1 et 2

Pour t'entraîner
▶ Exercices 3 à 5

Pour préparer le brevet
▶ Exercices 6 à 8

Se tester QUIZ

Vérifie que tu as bien compris les points clés des **fiches 28 et 29.**

Pour chaque question, vérifie ta réponse à l'aide du corrigé et consulte les fiches de cours si nécessaire.

1 Exploiter la propagation de la lumière

→ RÉVISE LA FICHE 28

1. La planète Mars :
- ☐ **a.** est une source primaire de lumière
- ☐ **b.** est un objet diffusant
- ☐ **c.** produit sa propre lumière

2. La lumière peut se propager en ligne courbe dans le vide, homogène et isotrope.
- ☐ **a.** Vrai
- ☐ **b.** Faux

3. La lumière peut se propager dans des milieux tels que :
- ☐ **a.** le verre et l'eau
- ☐ **b.** le bois et le béton

2 Calculer les distances dans l'Univers

→ RÉVISE LA FICHE 29

1. La distance nous séparant d'une étoile dont la lumière a mis 300 ans pour nous parvenir est égale à 300 al.
- ☐ **a.** Vrai
- ☐ **b.** Faux

2. L'ordre de grandeur de la distance Terre-Soleil ($d = 1,5 \times 10^{11}$ m) est :
- ☐ **a.** 10^{11} m
- ☐ **b.** 10^{12} m

S'entraîner

Vérifie que tu sais appliquer les méthodes des **fiches 28 et 29.**

Pour chaque exercice, consulte la méthode indiquée et compare ta réponse à celle donnée dans le corrigé.

3 Mesurer la hauteur de la tour Eiffel

→ APPLIQUE LA MÉTHODE DE LA FICHE 28

À midi heure solaire, on mesure la longueur de l'ombre de la tour Eiffel (L_{Eiffel}) et celle d'un kiosque (L_{kiosque}) à journaux dont on connaît la hauteur.

La hauteur du kiosque est égale à 2,50 m.

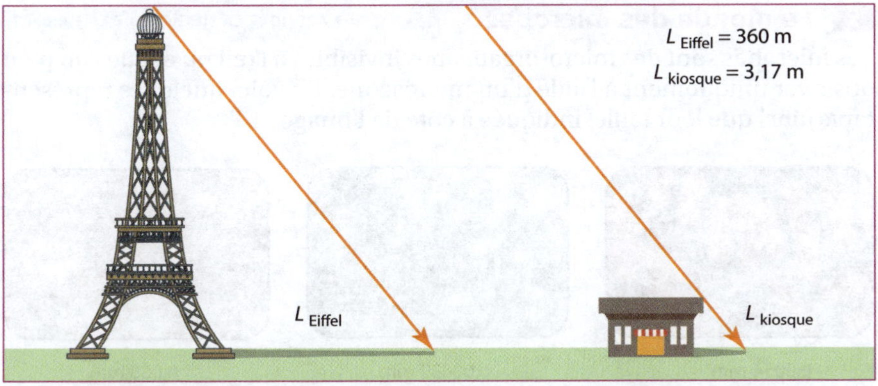

1. Appliquer la relation de proportionnalité entre hauteur et longueur données dans l'énoncé.

2. Calculer la hauteur de la tour Eiffel.

4 Une pièce d'un euro pour trouver le diamètre de la Lune

→ APPLIQUE LA MÉTHODE DE LA FICHE 28

Une nuit de pleine Lune, plaçons une pièce d'un euro entre notre œil et la Lune de telle sorte que la pièce masque très exactement la Lune.

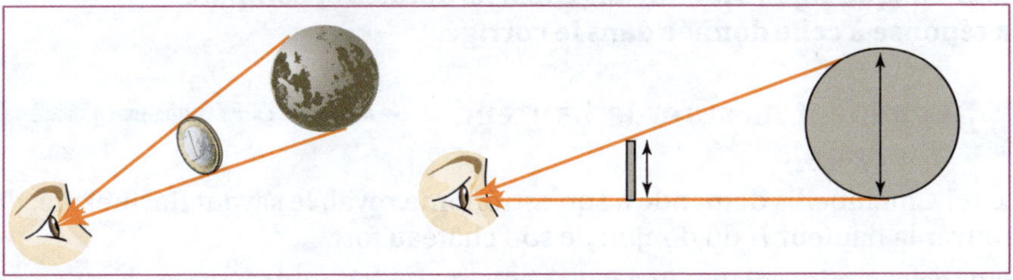

La distance entre notre œil et la Lune est égal à 378 000 km et celle entre notre œil et la pièce d'un euro est égale à 80,4 cm.

Le diamètre de la pièce d'un euro est égal à 23,25 mm.

1. Exprimer toutes les longueurs en mètres.

2. Appliquer la relation de proportionnalité entre hauteur et longueur données dans l'énoncé.

3. Calculer le diamètre de la Lune.

5 Le monde des microbes

→ APPLIQUE LA MÉTHODE DE LA FICHE 29

Les microbes sont des micro-organismes invisibles à l'œil nu et que l'on peut observer uniquement à l'aide d'un microscope. En voici quelques représentants ainsi que leur taille, indiquée à côté de l'image.

0,0054 mm

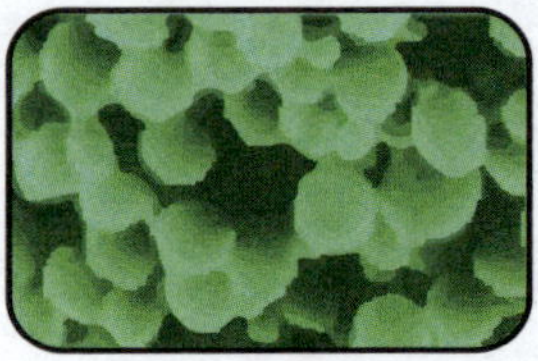

0,00032 mm

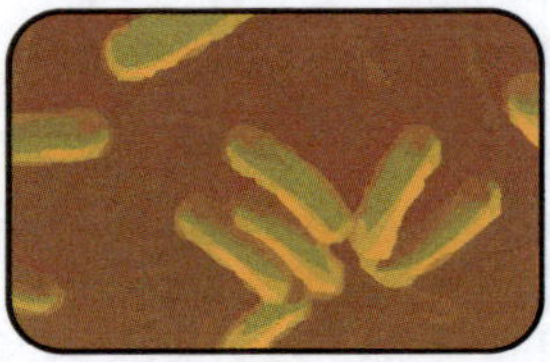

0,088 mm

1. Exprimer les différentes dimensions en notation scientifique et en mètres.

2. Trouver les ordres grandeurs de chacune des dimensions en mètres.

3. Classer par ordre croissant ces ordres de grandeurs.

Vers le brevet

Exerce-toi en vue du brevet et révise les **fiches 28 et 29.**

Pour chaque sujet, aide-toi des conseils donnés et compare ta réponse à celle donnée dans le corrigé.

SUJET TYPE

6 Comment mesurer la hauteur d'un donjon ?

15 min

→ APPLIQUE LA MÉTHODE DE LA FICHE 28

Le roi Chichibellis demande à son astronome royal, le savant Racinekaré, de trouver la hauteur H du donjon de son château fort.

Pour cela, à midi solaire, Racinekaré plante un bâton de hauteur $h = 1{,}5$ m à côté du donjon.

Il demande alors à ses assistants de mesurer la longueur L_1 de l'ombre du donjon et celle L_2 du bâton.

Ils trouvent $L_1 = 30$ m et $L_2 = 0{,}80$ m.

1. Comment se propage la lumière dans l'air autour du château ?

2. Citer deux autres milieux (autre que l'air) dans lequel la lumière peut se propager.

3. Racinekaré écrit sur un parchemin les calculs permettant de trouver la solution.
a. Exprimer littéralement la relation de proportionnalité entre la hauteur d'un objet et la longueur de son ombre.
b. Trouver par le calcul la valeur de la hauteur du donjon, en mètres.

Démarrons ensemble

3.a. Applique le théoreme de Thalès vu en mathématiques.
3.b. Exprime H en fonction de L_1, L_2 et h, puis calcule sa valeur.

TYPE 20 min

7 Les étoiles de la constellation de la vierge

→ APPLIQUE LA MÉTHODE DE LA FICHE 29

La Vierge est l'une des plus anciennes constellations identifiées par les astronomes. Elle comporte un grand nombre d'objets célestes parmi lesquels l'étoile la plus brillante est α Virginis située à 260 al et l'étoile la plus proche est Ross 128 située à 10,9 al de la Terre.

1. Combien de temps met la lumière pour nous parvenir de α Virginis ?
2. Trouver l'ordre de grandeur de la distance entre α Virginis et la Terre en années-lumière (al).
3. Calculer en kilomètres la distance qui nous sépare de Ross 128.
4. Trouver l'ordre de grandeur de cette distance en kilomètres.
5. En quelle année a été émise la lumière par Ross 128 si elle nous parvient en 2017 ?

Démarrons ensemble

2. Emploie la notation scientifique d'un nombre pour déterminer son ordre de grandeur.
3. Utilise la relation 1 al = $9{,}46 \times 10^{12}$ km.
5. Détermine la durée du trajet de la lumière émise par Ross 128 et déduis-en la date d'émission.

TYPE 20 min

8 Ils sont forts ces Grecs !

→ APPLIQUE LA MÉTHODE DES FICHES 28 ET 29

La Grèce antique a regorgé de penseurs qui ont jeté les bases des grands domaines qui occupent encore notre monde actuel : la philosophie, la politique, la physique, la biologie ou les mathématiques. Parmi eux, Thalès de Milet (né en – 625 et mort en – 547) fut un des plus grands.

Document 1 La mesure de la hauteur de la pyramide de Khéops

« La mesure de la hauteur de cette pyramide fut possible car Thalès utilisa le fait que la hauteur et la longueur de l'ombre sont dans les mêmes proportions pour tous les objets en un lieu et à une date donnés. Ceci donna lieu plus tard à la formulation mathématique que nous connaissons sous le nom de théorème de Thalès. Voici une schématisation de l'expérience de Thalès :

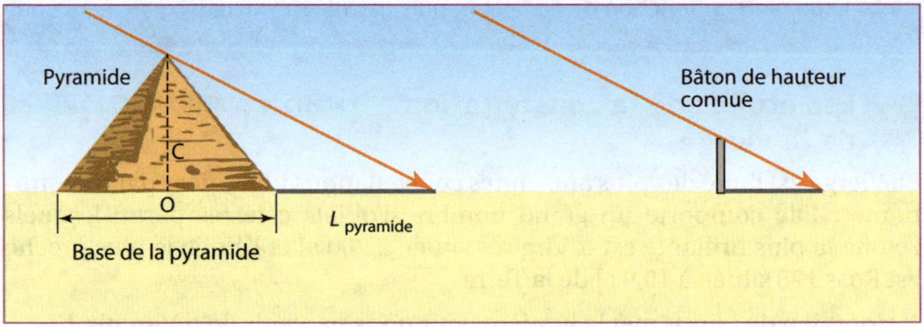

On donne les valeurs suivantes :
- longueur mesurée de l'ombre de la pyramide : L_{pyramide} = 195 m ;
- longueur mesurée de l'ombre du bâton : $L_{\text{bâton}}$ = 1,5 m ;
- hauteur du bâton : $H_{\text{bâton}}$ = 0,71 m ;
- base de la pyramide : B_{pyramide} = 230 m.

Document 2 Les débuts de l'astronomie

Thalès est un des fondateurs de l'astronomie. Il fut le premier à décrire la Petite ourse et en fit pour les marins un repère utile lors de leur navigation. La Petite ourse est une constellation dont les étoiles principales sont les suivantes.

Étoile	Distance à la Terre (al)
Étoile polaire	431
Kochab	126
θ UMI	832

Document 3 Passer des années-lumière aux kilomètres

L'année-lumière est la distance parcourue en un an dans le vide par la lumière.
1 al = $9{,}46 \times 10^{12}$ km

1. Dans le théorème de Thalès, la longueur de l'ombre à appliquer est celle qui commencerait à la verticale du sommet, c'est-à-dire au point O (voir document 1). Calculer cette longueur notée L.

2. Calculer la hauteur de la pyramide de Khéops.

3. Quel est son ordre de grandeur en mètres ?

4. Trouver à quelle date a été émise la lumière par l'étoile polaire et qui nous parvient aujourd'hui, en 2017.

5. Calculer la distance Terre-étoile polaire en kilomètres puis en mètres.

6. Trouver l'ordre de grandeur de la distance Terre-θ UMI en années-lumière.

7. Quelle serait l'étoile de la Petite ourse dont la lumière nous parviendrait en premier si elles émettaient celle-ci en même temps ?

Démarrons ensemble

1. Utilise le schéma du document 1.
2. Applique le théorème de Thalès.
4. et **7.** Utilise le document 3.

Se tester QUIZ

1 **1. Réponse b.**

2. Réponse b.

3. Réponse a.

2 **1. Réponse a.**

2. Réponse a.

S'entraîner

3 **1.** On applique la relation de proportionnalité entre hauteur et longueur :

$$\frac{H_{Eiffel}}{H_{kiosque}} = \frac{L_{Eiffel}}{L_{kiosque}} \Leftrightarrow H_{Eiffel} = \frac{H_{kiosque} \times L_{Eiffel}}{L_{kiosque}}$$

2. Calcule de la hauteur de la Tour Eiffel :

$$H_{Eiffel} = \frac{H_{kiosque} \times L_{Eiffel}}{L_{kiosque}} = \frac{2{,}50 \times 360}{3{,}17} = \mathbf{284\ m}$$

4 **1.** Distance entre notre œil et la Lune : 378 000 km = **$3{,}78 \times 10^8$ m.**

Distance entre notre œil et la pièce d'un euro :

80,4 cm = 0,804 m = **$8{,}04 \times 10^{-1}$ m.**

Diamètre de la pièce d'un euro :

23,25 mm = 0,02325 m = **$2{,}325 \times 10^{-2}$ m.**

> **Rappel**
> 1 km = 10^3 m ;
> 1 cm = 10^{-2} m ;
> 1 mm = 10^{-3} m.

2. Appliquons la relation de proportionnalité entre hauteur et longueur :

$$\frac{D_{Lune}}{D_{pièce}} = \frac{d_{Lune\text{-}œil}}{d_{pièce\text{-}œil}} \Leftrightarrow D_{Lune} = \frac{D_{pièce} \times d_{Lune\text{-}œil}}{d_{pièce\text{-}œil}}.$$

3. Calcul du diamètre de la Lune :

$$D_{Lune} = \frac{D_{pièce} \times d_{Lune\text{-}œil}}{d_{pièce\text{-}œil}} = \frac{2{,}325 \times 10^{-2} \times 3{,}78 \times 10^8}{8{,}04 \times 10^{-1}} = \mathbf{1{,}09 \times 10^7\ m}.$$

5 **1.** 0,0054 mm = $5{,}4 \times 10^{-3}$ mm = **$5{,}4 \times 10^{-6}$ m**

0,00032 cm = $3{,}2 \times 10^{-4}$ cm = **$3{,}2 \times 10^{-6}$ m**

0,088 mm = $8{,}8 \times 10^{-2}$ mm = **$8{,}8 \times 10^{-5}$ m**

2.

Dimension	$5{,}4 \times 10^{-6}$ m	$3{,}2 \times 10^{-6}$ m	$8{,}8 \times 10^{-5}$ m
Ordre de grandeur	**10^{-5} m**	**10^{-6} m**	**10^{-4} m**

3. Classement par ordre croissant : **10^{-6} m < 10^{-5} m < 10^{-4} m**

Vers le brevet

6 **1.** La lumière se propage dans l'air en **ligne droite**.

2. La lumière peut se propager dans le vide et dans l'eau.

3. a. $\frac{H}{L_1} = \frac{h}{L_2}$.

b. Calcul de la hauteur du donjon, en mètres :

$H = \frac{L_1 \times h}{L_2} = \frac{30 \times 1{,}5}{0{,}80} = \mathbf{56\ m}$.

À noter
Fais un schéma de la situation et retrouve la relation du théorème de Thalès vue en mathématiques.

À noter
Exprime la longueur H à partir de la réponse à la question **3.a.**

7 **1.** La lumière met **260 années** pour nous parvenir de α Virginis.

2. Ordre de grandeur en années-lumière (al) : $10^2 < 2{,}60 \times 10^2 < 10^3$.
On en déduit que l'ordre de grandeur est égal à **10^2 al**.

3. Calcul en kilomètres de la distance qui nous sépare de Ross 128 : $d = 9{,}46 \times 10^{12} \times 10{,}9 = \mathbf{1{,}03 \times 10^{14}\ km}$.

4. Ordre de grandeur de cette distance en kilomètres :

$10^{14} < 1{,}03 \times 10^{14} < 10^{15}$. On en déduit que l'ordre de grandeur est égal à **10^{14} km**.

À noter
L'ordre de grandeur d'une valeur est la puissance de 10 la plus proche du nombre écrit en notation scientifique.

5. La lumière met 10,9 années pour nous parvenir de Ross 128. On calcule donc : 2017 – 10,9 = 2006,1. La lumière de Ross 128 nous parvenant en 2017 a été émise au cours de l'**année 2006**.

8 **1.** $L = L_{pyramide} + B_{pyramide} / 2 = 195 + 230/2 = \mathbf{310\ m}$.

2. On applique le théorème de Thalès :

$$\frac{H_{pyramide}}{H_{bâton}} = \frac{L}{L_{bâton}} \Leftrightarrow H_{pyramide} = \frac{H_{bâton} \times L}{L_{bâton}} = \frac{0{,}71 \times 310}{1{,}5} = \mathbf{147\ m}.$$

Attention !
Penser que la longueur de l'ombre n'est pas celle mesurée depuis le bord de la pyramide mais depuis son centre.

3. On écrit la hauteur en notation scientifique :
$147\ m = 1{,}47 \times 10^2\ m$.

On trouve l'ordre de grandeur : **10^2 m**.

4. D'après la définition de l'année-lumière, la lumière a mis 431 ans pour nous parvenir. On a donc 2 017 – 431 = 1 586.

La lumière a été émise par l'étoile polaire en **1586**.

5. $d_{Terre\text{-}Étoile\ polaire} = 431\ al = 431 \times 9{,}46 \times 10^{12} = \mathbf{4{,}08 \times 10^{15}\ km = 4{,}08 \times 10^{18}\ m}$.

6. On écrit la distance en notation scientifique : $832\ al = 8{,}32 \times 10^2\ al$.

On trouve l'ordre de grandeur : **10^3 al**.

7. L'étoile de la Petite ourse dont la lumière nous parviendrait en premier est celle qui est la plus proche c'est-à-dire **Kochab**.

DES SIGNAUX POUR OBSERVER ET COMMUNIQUER

Propagation de l'information

FICHES

EXERCICES & SUJETS

CORRIGÉS

30 Connaître et exploiter la propagation du son

Nous vivons dans un monde empli de sons, tantôt harmonieux tel que celui d'une mélodie ou agressifs tel que celui d'une détonation. Comment classer tous ces sons différents ?

RETENIR L'ESSENTIEL

I Conditions de propagation d'un son

- Le son est une **vibration de la matière** qui se propage de proche en proche.
- Le son ne peut se propager que dans un **milieu matériel** : il ne se propage **pas dans le vide**.

II Vitesse de propagation d'un son

- La durée Δt que met un son pour aller de sa source à un point situé à une distance d a pour expression :

$$\Delta t = \frac{d}{v}$$

avec Δt en secondes (s) ; d en mètres (m) ; v en mètres par seconde ($m \cdot s^{-1}$).

Exemple : lorsqu'un orage se rapproche de nous, la durée qui sépare un éclair du coup de tonnerre associé diminue car la distance d qui nous sépare du point d'impact de la foudre diminue.

- La formule précédente peut aussi être utilisée pour exprimer la vitesse de propagation du son : $v = \frac{d}{\Delta t}$. Celle-ci dépend de la température de l'air :

Température de l'air (°C)	–10	0	15	30
v ($m \cdot s^{-1}$)	325	331	340	349

La valeur communément choisie est $v = 340\ m \cdot s^{-1}$.

III La fréquence d'un son

- Un son est un phénomène périodique auquel est associée une grandeur appelée **fréquence**, exprimée en **hertz (Hz)**. Cette fréquence représente le nombre de périodes temporelles dans une seconde.
- Les sons audibles par l'homme se trouvent dans une gamme de fréquences bien définie (entre 20 et 20 000 Hz).

Fréquence (Hz)	0 à 20	20 à 20 000	Supérieure à 20 000
v ($m \cdot s^{-1}$)	Infrasons	Sons audibles	Ultrasons

APPLIQUER LA MÉTHODE

Calculer la durée de propagation d'un son

Lors d'un meeting aérien, un avion à réaction et un avion à hélice survolent le terrain d'aviation où se trouvent les spectateurs.

La vitesse de l'avion à réaction est égale à 800 $km \cdot h^{-1}$ et celle de l'avion à hélice est égale à 83 $m \cdot s^{-1}$. On donne les distances des avions aux spectateurs sur le schéma suivant.

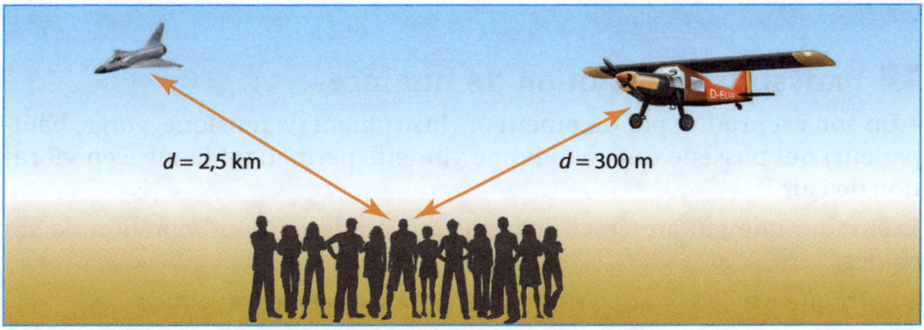

Calculer la durée que met le son pour parvenir jusqu'aux spectateurs depuis chacun des avions. On donne v_{son} = 340 $m \cdot s^{-1}$.

Conseils

- Dans la relation : $\Delta t = \frac{d}{v}$ la vitesse qui apparaît dans le calcul est celle du son.
- Pense à convertir la distance dans la même unité de longueur que celle apparaissant dans l'unité de la vitesse.

Solution

- Calcul pour l'avion à réaction :

on convertit la distance en mètres : 2,5 km = $2{,}5 \times 10^3$ m ;

on calcule la durée : $\Delta t = \frac{d}{v} = \frac{2{,}5 \times 10^3}{340} =$ **7,4 s.**

- Calcul pour l'avion à hélice :

on calcule la durée : $\Delta t = \frac{d}{v} = \frac{300}{340} =$ **0,88 s.**

Pour vérifier que tu as compris ▸ Exercices 1 et 2
Pour t'entraîner ▸ Exercices 3 à 5
Pour préparer le brevet ▸ Exercices 6 à 9

31 Savoir qu'un signal transporte de l'information

Le son ou la lumière sont des phénomènes qui se propagent en transportant une information. Comment sont-ils produits et comment les réceptionner ?

RETENIR L'ESSENTIEL

I Émission d'un son ou de lumière

- Un son est produit par un **émetteur** (instrument de musique, gorge, haut-parleur) qui possède une membrane vibrante permettant la mise en **vibration de l'air**.

Exemple : une guitare émet des sons grâce à la mise en vibration de ses cordes.

- La fréquence de vibration est égale à la fréquence du son émis :

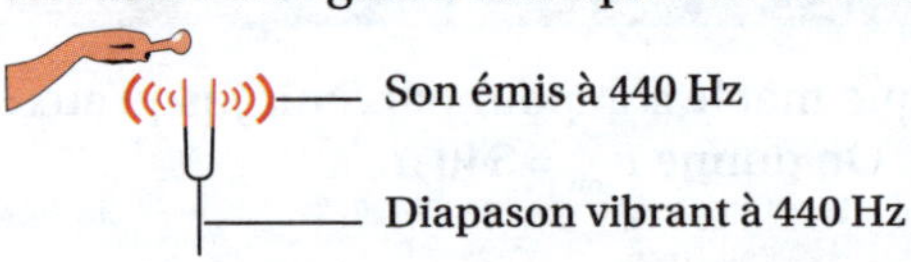

- La lumière est produite par une source primaire de lumière.

Exemple : les étoiles sont des sources primaires de lumière.

> **Mot-clé**
> Une **source primaire** de lumière est un objet qui produit la lumière qu'il émet (→ Fiche 28).

II Le transport d'un signal par le son ou la lumière

- Une fois produite, l'information sonore se propage de proche en proche dans l'air et est interceptée par un récepteur tel que l'oreille.

- Une fois produite, l'information lumineuse se propage dans le vide (ou dans l'air) et est interceptée par un récepteur tel qu'un télescope.

APPLIQUER LA MÉTHODE

Identifier l'émetteur et le récepteur d'un signal

On s'intéresse à un réseau de télécommunication par voie satellitaire et terrestre.

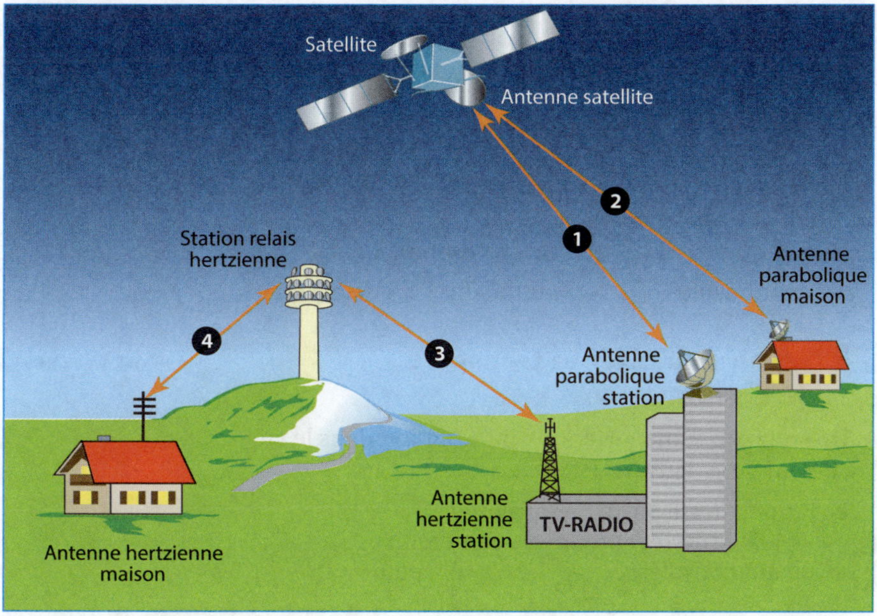

Identifier pour les transmissions numérotées de 1 à 4, l'émetteur et le récepteur.

Conseils

- Souviens-toi que l'émetteur est la source du signal.
- Souviens-toi que le récepteur collecte le signal.

Solution

1. **Émetteur** : antenne parabolique station / **Récepteur** : antenne satellite.
2. **Émetteur** : antenne satellite / **Récepteur** : antenne parabolique maison.
3. **Émetteur** : antenne hertzienne station / **Récepteur** : station relais hertzienne.
4. **Émetteur** : station relais hertzienne / **Récepteur** : antenne hertzienne maison.

Pour vérifier que tu as compris ▸ Exercices 1 et 2

Pour t'entraîner ▸ Exercices 3 à 5

Pour préparer le brevet ▸ Exercices 6 à 9

Se tester QUIZ

Vérifie que tu as bien compris les points clés des **fiches 30 et 31.**

Pour chaque question, vérifie ta réponse à l'aide du corrigé et consulte les fiches de cours si nécessaire.

1 Savoir exploiter la propagation du son

→ RÉVISE LA FICHE 30

1. La durée de propagation du son a pour expression :

☐ **a.** $\Delta t = d \times v$ ☐ **b.** $\Delta t = \frac{d}{v}$ ☐ **c.** $\Delta t = \frac{v}{d}$

2. La vitesse du son ne dépend pas de la température de l'air.

☐ **a.** Vrai ☐ **b.** Faux

3. Une fréquence de 25 000 Hz correspond à :

☐ **a.** un infrason ☐ **b.** un ultrason ☐ **c.** un son

2 Savoir exploiter le transport de l'information

→ RÉVISE LA FICHE 31

1. Un son peut transporter une information dans le vide :

☐ **a.** Vrai ☐ **b.** Faux

2. La lumière transporte l'information :

☐ **a.** en allant du récepteur vers l'émetteur

☐ **b.** en allant de l'émetteur vers le récepteur

S'entraîner

Vérifie que tu sais appliquer les méthodes des **fiches 30 et 31.**

Pour chaque exercice, consulte la méthode indiquée et compare ta réponse à celle donnée dans le corrigé.

3 Un barrissement dans la savane

→ APPLIQUE LA MÉTHODE DE LA FICHE 30

Un éléphant seul dans la savane émet un barrissement afin de se faire entendre de son groupe situé à une distance de 5,0 km. La vitesse du son est égale à 340 $m \cdot s^{-1}$.

1. Quelle est la durée de propagation du barrissement entre son émission et sa réception ?

2. Comment va évoluer cette durée si l'éléphant se rapproche du groupe ?

3. Quel est le milieu de propagation du son ?

4 Propagation du son dans l'air et dans l'eau

→ APPLIQUE LA MÉTHODE DE LA FICHE 30

Un émetteur envoie un signal sonore qui pour une partie se déplace dans l'air et pour l'autre partie se déplace dans l'eau. Chacune des parties du signal est recueillie par un récepteur placé dans l'air pour l'un et dans l'eau pour l'autre. Les deux récepteurs sont situés à 150 m de l'émetteur. La vitesse du son dans l'air est égale à 340 m · s^{-1} et celle dans l'eau est égale à 1,5 km · s^{-1}.

1. Calculer la durée de propagation du signal sonore dans l'air.
2. Calculer la durée de propagation du signal sonore dans l'eau.
3. Quel est le premier signal qui sera détecté et quel sera le décalage temporel entre les deux détections ?

5 Une communication téléphonique

→ APPLIQUE LA MÉTHODE DE LA FICHE 31

Voici une chaîne de communication téléphonique.

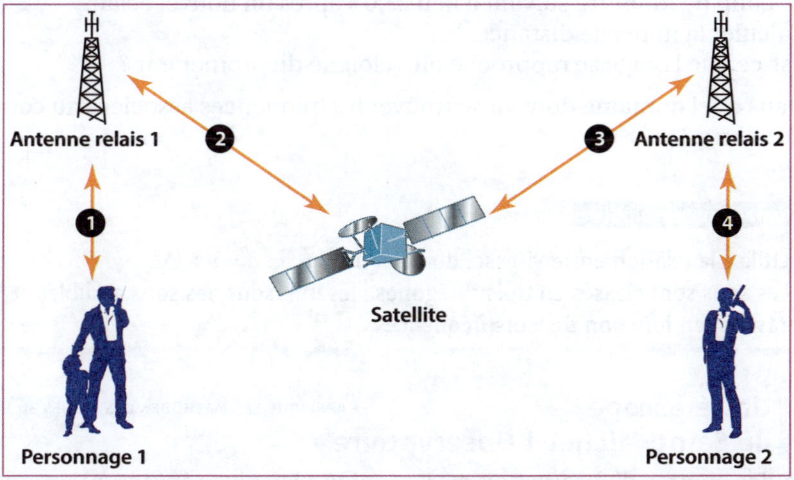

1. Sachant que le personnage 1 parle et le personnage 2 écoute, indiquer les émetteurs et les récepteurs pour chaque transmission numérotée.
2. Quel est le milieu de propagation pour la transmission 1 ?
3. Quels sont les milieux de propagation pour la transmission 2 ?

Vers le brevet

Exerce-toi en vue du brevet et révise les **fiches 30 et 31.**

Pour chaque sujet, aide-toi des conseils donnés et compare ta réponse à celle donnée dans le corrigé.

6 Un jour d'orage

15 min

→ APPLIQUE LA MÉTHODE DE LA FICHE 30

Un promeneur est surpris par l'orage en pleine montagne. Pour avoir de plus amples renseignements, il sort son chronomètre et se munit de sa calculatrice. Après avoir vu un éclair, il chronomètre un temps de 20,5 s avant d'entendre le coup de tonnerre.

La vitesse du son est prise égale à $v = 340\ \text{m} \cdot \text{s}^{-1}$.

1. Calculer la distance qui sépare le promeneur du point d'impact de la foudre en mètres, puis en kilomètres.

2. Le coup de tonnerre suivant a lieu 23,0 s après un nouvel éclair.
a. Calculer la nouvelle distance.
b. Est-ce que l'orage se rapproche ou s'éloigne du promeneur ?

3. Dans quel domaine doivent se trouver les fréquences associées au coup de tonnerre ?

Démarrons ensemble

1. Utilise la relation entre vitesse, durée et distance : $d = v \times \Delta t$.
3. Les sons sont classés en trois catégories : les infrasons, les sons audibles et les ultrasons, en fonction de leurs fréquences.

7 Un télescope de Saint-Michel-l'Observatoire

20 min

→ APPLIQUE LES MÉTHODES DES FICHES 30 ET 31

L'un des centres d'observation astronomique les plus réputés au monde se trouve dans les Alpes de Haute-Provence, à Saint-Michel-l'Observatoire. Ce centre est équipé de plusieurs instruments d'observation astronomiques, dont un télescope. On pointe celui-ci en direction du Soleil.

1. Que va récupérer le télescope ?

2. Dans quel milieu s'est propagée la lumière ?

3. Désigner l'émetteur et le récepteur.

4. La distance qui sépare la surface du Soleil au télescope est égale à 149,3 millions de kilomètres. La vitesse de la lumière est égale à $3{,}00 \times 10^5\ \text{km} \cdot \text{s}^{-1}$. Calculer la durée mise par la lumière pour parvenir au télescope.

Démarrons ensemble

4. Utilise la relation $\Delta t = \frac{d}{v}$ avec les distances en kilomètres et la vitesse en kilomètres par seconde pour obtenir une durée en secondes.

8 Des ultrasons pour détecter

20 min

→ APPLIQUE LES MÉTHODES DES FICHES 30 ET 31

Dans le monde animal, certaines espèces, telles que les chauves-souris et les dauphins, émettent des ultrasons afin de pouvoir détecter des obstacles situés devant eux. Cette technique, dite du sonar, leur permet en particulier de détecter leurs proies.

Document 1 Les ultrasons

« Les ultrasons sont des vibrations de la matière, de même nature que le son et se déplaçant à la vitesse du son. Leur fréquence est supérieure à la plus grande des fréquences des sons audibles, c'est-à-dire 20 000 Hz.

On donne les vitesses des ultrasons dans différents milieux de propagation :
$V_{\text{son (air)}} = 340\ \text{m}\cdot\text{s}^{-1}$; $V_{\text{son (eau)}} = 1\ 500\ \text{m}\cdot\text{s}^{-1}$; $V_{\text{son (acier)}} = 5\ 600\ \text{m}\cdot\text{s}^{-1}$;

Document 2 Le principe du sonar

« L'animal émet des ultrasons qui se propage vers l'avant jusqu'à intercepter un obstacle. Ces ultrasons sont alors réfléchis et repartent en sens contraire jusqu'à l'animal qui les réceptionne.
La mesure de la durée de l'aller-retour entre l'émission et la réception des ultrasons permet à l'animal de déterminer à quelle distance se trouve la proie.

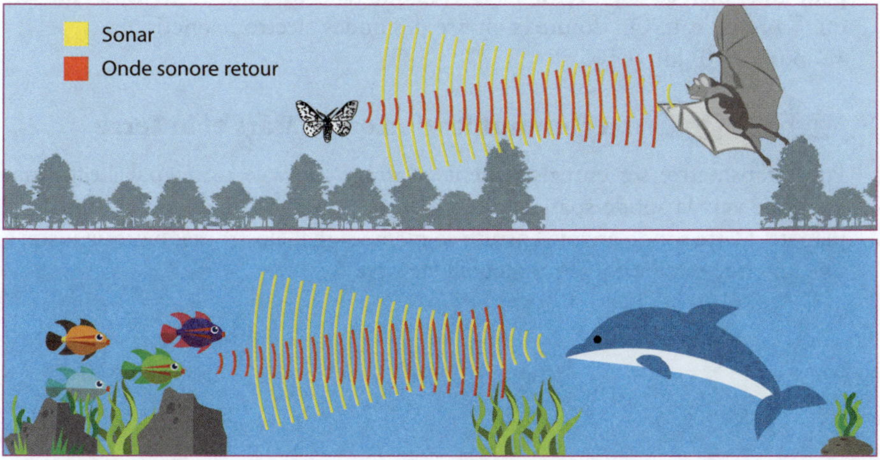

1. Quel est l'intervalle des fréquences des sons audibles ?

2. Une personne affirme que la vitesse du son augmente lorsque l'on passe d'un solide à un liquide puis à un gaz. A-t-elle raison ?

3. Dans le cas de la chauve-souris, quel est le milieu de propagation ? Même question pour le dauphin.

4. Les ultrasons émis par la chauve-souris parcourent 35 m avant de rencontrer le papillon-obstacle. Calculer la durée Δt de parcours.

5. Quelle est la durée de l'aller-retour des ultrasons ?

6. Pour un dauphin à la recherche d'un poisson, la durée de l'aller-retour a été égale à 0,20 s.

Calculer la distance, en mètres, parcourue par les ultrasons sur l'aller-retour.

7. Déduire du résultat de la question précédente, la distance qui sépare le dauphin du poisson.

Démarrons ensemble

2. Utilise le document 1.
4. Applique la formule $\Delta t = \frac{d}{v}$.
6. Applique la formule $d = v \times \Delta t$.

SUJET TYPE

9 Un robot sur Mars

20 min

→ APPLIQUE LES MÉTHODES DES FICHES 30 ET 31

Le robot *Curiosity* est un rover à 6 roues qui se déplace depuis août 2012 sur le sol de la planète Mars. Il a transmis de nombreux relevés et de nombreuses photos sur Terre.

Document 1 Qu'est-ce que les ondes électromagnétiques ?

« Les ondes électromagnétiques constituent un signal qui peut se déplacer à la vitesse la plus grande qui soit dans l'Univers : celle de la lumière. Ce signal peut aussi bien se déplacer dans le vide que dans les milieux transparents tels que l'air ou l'eau. On donne la vitesse des ondes électromagnétiques :
$v = 3{,}00 \times 10^5\ \text{km} \cdot \text{s}^{-1}$

Document 2 La communication entre Mars et la Terre

Pour transmettre ses enregistrements, *Curiosity* envoie un signal électromagnétique vers la sonde spatiale *Mars Global Surveyor* qui gravite autour de la planète. Cette sonde envoie ensuite ce même signal électromagnétique jusqu'à une antenne parabolique qui recueille le signal.

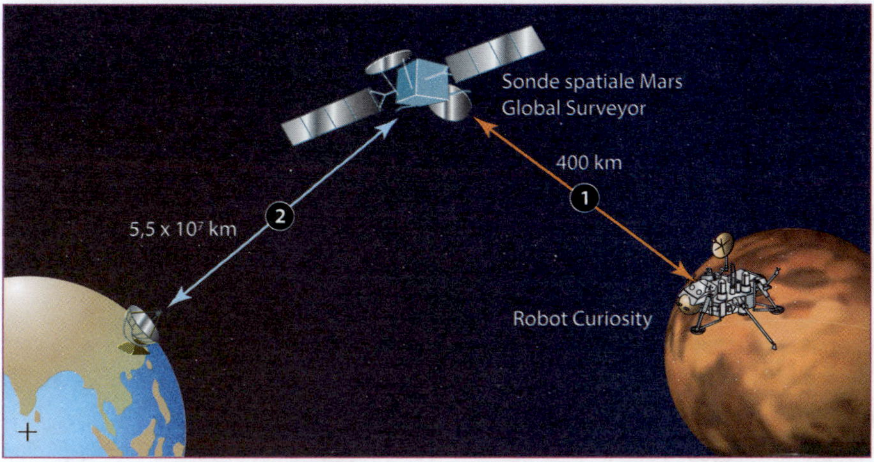

1. Calculer la durée du transfert du signal entre *Curiosity* et *Mars Global Surveyor*.

2. Identifier pour le transfert 1, l'émetteur et le récepteur.

3. Est-ce qu'un système peut tantôt être un émetteur et tantôt être un récepteur ? Justifier par un exemple.

4. Pour le transfert 2, quel est le milieu de propagation dans lequel se fait essentiellement le transport du signal ?

5. Calculer la durée du transfert du signal entre *Mars Global Surveyor* et l'antenne parabolique terrestre. Donner le résultat en minutes.

6. La distance donnée dans le document 2 entre *Mars Global Surveyor* et la Terre correspond à la plus petite des distances possibles. Est-ce que dans d'autres conditions, la durée de transport du signal serait plus petite ou plus grande ? Justifier.

7. Est qu'un signal sonore aurait pu être transporté entre *Mars Global Surveyor* et la Terre ? Justifier.

Démarrons ensemble

1. Utilise les documents 1 et 2, puis applique la formule $t = \frac{d}{v}$.
3. Utilise le document 2.
5. Rappel : 1 min = 60 s.

Se tester QUIZ

1 **1. Réponse b.**

2. Réponse b.

3. Réponse b.

2 **1. Réponse b.**

2. Réponse b.

S'entraîner

3 **1.** Convertissons la distance en mètres :
$d = 5{,}0 \text{ km} = 5{,}0 \times 10^3 \text{ m}$.

Calculons la durée de propagation : $\Delta t = \dfrac{d}{v} = \dfrac{5{,}0 \times 10^3}{340} = \mathbf{14{,}7\ s}$.

2. Si l'éléphant se rapproche, la distance d va diminuer, ce qui implique que la durée **Δt diminue** aussi.

3. Le milieu de propagation est **l'air**.

> **Attention !**
> N'oublie pas de convertir la distance dans la même unité que celle qui apparaît dans l'unité de la vitesse.

4 **1.** Calculons la durée de propagation dans l'air :
$\Delta t_1 = \dfrac{d}{v} = \dfrac{150}{340} = \mathbf{0{,}44\ s}$.

2. Convertissons la distance en kilomètres : $d = 150 \text{ m} = 0{,}150 \text{ km}$.

Calculons la durée de propagation : $\Delta t_2 = \dfrac{d}{v} = \dfrac{0{,}150}{1{,}5} = \mathbf{0{,}10\ s}$.

3. Le premier signal détecté sera celui se propageant dans l'eau. Le décalage temporel est égal à $\Delta t = \Delta t_1 - \Delta t_2 = 0{,}44 - 0{,}10 = \mathbf{0{,}34\ s}$.

5 **1.**

Transmission	1	2	3	4
Émetteur	Personnage 1	Antenne relais 1	Satellite	Antenne relais 2
Récepteur	Antenne relais 1	Satellite	Antenne relais 2	Personnage 2

2. Le milieu de propagation pour la transmission 1 est **l'air**.

3. Les milieux de propagation pour la transmission 2 sont l'air de l'atmosphère et le **vide au-dessus de l'atmosphère** (où se trouve le satellite).

Vers le brevet

6 **1.** Calcul de la distance qui sépare le promeneur du point d'impact de la foudre :
$d = v \times \Delta t = 340 \times 20{,}5 = 6\,970 \text{ m} = \mathbf{6{,}970 \text{ km}}$.

2. a. Calcul de la nouvelle distance :
$d = v \times \Delta t = 340 \times 23{,}0 = \mathbf{7\,820 \text{ m}}$.

b. L'orage **s'éloigne** du promeneur.

3. Les fréquences associées au coup de tonnerre doivent être comprises dans le domaine des sons audibles, soit **entre 20 Hz et 20 000 Hz**.

> **À noter**
> La durée entre l'éclair et le tonnerre a augmenté entre les deux mesures, donc la distance parcourue est plus grande.

> **À noter**
> Revois la fiche 30.

7 **1.** Le télescope va récupérer la lumière **émise** par la surface du Soleil.

2. La lumière s'est propagée dans le **vide** et dans **l'air** lorsque les rayons lumineux ont traversé l'atmosphère.

3. La surface du Soleil est l'**émetteur** et le télescope est le **récepteur**.

4. Calcul de la durée mise par la lumière pour parvenir au télescope :

$$\Delta t = \frac{d}{v} = \frac{149{,}3 \times 10^6}{3{,}00 \times 10^5} = \mathbf{498 \text{ s}}.$$

> **À noter**
> Pour obtenir une durée en secondes, exprime la distance en km et la vitesse en $km \cdot s^{-1}$.

8 **1.** Les sons audibles possèdent des fréquences comprises entre **20 Hz et 20 000 Hz**.

2. Non, elle a tort. Il suffit de comparer les valeurs des vitesses données dans le document 1 : $V_{\text{son (air)}} < V_{\text{son (eau)}} < V_{\text{son (acier)}}$.

3. Dans le cas de la chauve-souris, le milieu de propagation est **l'air** tandis que dans le cas du dauphin, il s'agit de **l'eau**.

4. Calculons la durée de propagation : $\Delta t = \frac{d}{v} = \frac{35}{340} = \mathbf{0{,}10 \text{ s}}$

5. La durée de l'aller-retour est égal au double de la durée de propagation calculée pour l'aller :

$\Delta t_{AR} = 2 \times \Delta t = 2 \times 0{,}10 = \mathbf{0{,}20 \text{ s}}$.

6. Calculons la distance : $d = v \times \Delta t = 1\,500 \times 0{,}20 = \mathbf{300 \text{ m}}$.

7. La distance qui sépare le dauphin du poisson est égale à la moitié de la distance correspondant à l'aller-retour :

$$d = \frac{d}{2} = \frac{300}{2} = \mathbf{150 \text{ m}}.$$

> **Méthode**
> Il faut penser à transformer la formule $\Delta t = \frac{d}{v} \Leftrightarrow d = v \times \Delta t$.

9 1. Calculons la durée de propagation : $\Delta t = \frac{d}{v} = \frac{400}{3{,}0 \times 10^5} = \mathbf{1{,}33 \times 10^{-3}}$ **s.**

2. L'émetteur est le **robot *Curiosity*** et le récepteur est la sonde spatiale ***Mars Global Surveyor.***

3. **Oui** car la sonde spatiale *Mars Global Surveyor* est le récepteur dans le cas de la transmission 1 et l'émetteur dans le cas de la transmission 2.

4. Le milieu de propagation est **le vide interplanétaire.**

5. Calculons la durée de propagation :

$$\Delta t = \frac{d}{v} = \frac{5{,}5 \times 10^7}{3{,}0 \times 10^5} = 183 \text{ s}$$

$$183 \text{ s} = \frac{183}{60} = \mathbf{3{,}05\ min.}$$

Rappel
1 min = 60 s

6. Sachant que cette distance correspond à la plus petite des distances possibles, on en déduit que la durée de transport du signal **sera plus grande** dans d'autres conditions car la durée augmente avec la distance.

7. Un signal sonore **n'aurait pas pu** être transporté entre *Mars Global Surveyor* et la Terre car le son ne se propage pas dans le vide.

L'épreuve du brevet

FICHES

32 Comment s'organise l'épreuve de sciences ?

À compter de 2018, le nouveau brevet comprend une épreuve écrite indépendante portant sur deux des trois matières scientifiques : physique-chimie, SVT et technologie.

I Comment se déroule l'épreuve ?

1. La composition de l'épreuve

- L'épreuve de sciences d'une durée totale de **1 heure** porte sur deux des trois **disciplines** suivantes, tirées au sort chaque année : physique-chimie, SVT et technologie.
- Le sujet se compose, pour chaque discipline, d'un ou de plusieurs exercices souvent reliés par une thématique commune.

Par exemple, un exercice de physique-chimie et un exercice de technologie, ou bien un exercice de technologie et un exercice de SVT, etc.

2. Le barème

L'épreuve de sciences est notée sur **50 points**. L'**évaluation** prend en compte la clarté et la précision des raisonnements ainsi que, plus largement, la qualité de la rédaction scientifique. Si vous ne terminez pas un exercice, les **démarches engagées**, même non abouties, seront prises en compte dans la notation.

II Comment obtenir le diplôme du brevet ?

Pour obtenir le diplôme du brevet, il faut totaliser au moins **400 points sur 800**, lorsqu'on ajoute les points du contrôle continu et des épreuves finales.

1. Le décompte des points

- À la fin de l'année, vos professeurs évaluent votre niveau de maîtrise des huit composantes du socle commun de connaissances et de compétences (insuffisante, fragile, satisfaisante, très bonne) qui correspond à **un nombre de points** (10, 25, 40, 50).
- À ce nombre de points du contrôle continu, s'ajoutent les notes obtenues aux cinq épreuves finales.

Vous pouvez donc obtenir au maximum **400 points** au contrôle continu et **400 points** aux épreuves finales.

2. Les mentions

Les mentions sont décernées selon la règle suivante.

Mention	Notation
Assez bien	au moins 480 points sur 800
Bien	au moins 560 points sur 800
Très bien	au moins 640 points sur 800

33 Comment réussir les exercices de physique-chimie ?

En physique-chimie, il te faut répondre à différents types de questions, en faisant appel à tes connaissances et en prenant soin de bien lire les documents qui te sont proposés.

I Quels sont les documents proposés ?

- Les documents proposés peuvent décrire un phénomène, présenter le fonctionnement d'un appareil, évoquer une découverte. Ils sont toujours en lien avec le programme et avec l'autre matière de cette seconde partie d'épreuve.
- Les documents peuvent prendre la forme de **textes**, de **tableaux** ou de **graphiques**. Parfois il s'agit simplement de données : valeurs de vitesses ou de pH, ou d'une formule...

II Quels sont les types de questions ?

- Certaines **questions ciblées** font uniquement appel à tes **connaissances**. Elles peuvent parfois prendre la forme d'un QCM. D'autres questions te conduisent à **extraire des informations** des documents.
- On peut également te demander d'**effectuer un calcul** (calculer une vitesse, une énergie, une masse volumique...), de tracer une courbe... Il est possible qu'une formule ou une méthode expérimentale soit fournie dans un document.

> Si elle n'a pas été étudiée en classe, on te demande simplement de l'appliquer telle qu'elle t'est donnée dans le document !

- Dans des **questions de synthèse**, on peut te demander de confirmer ou d'infirmer une hypothèse à l'aide des documents et de tes connaissances.

III Comment rédiger les exercices ?

- Commence par **lire tous les documents** très attentivement. Souligne les mots importants, les valeurs et les unités. Identifie bien les intitulés des lignes et colonnes d'un tableau, les grandeurs représentées sur les axes d'un graphique.
- La réponse aux questions ciblées est souvent courte. Cependant, fais bien attention de ne rien oublier ! Pour **résoudre un calcul**, écris d'abord la formule littérale puis effectue l'application numérique.

> Précise bien l'**unité** de chaque grandeur !

- La réponse aux **questions de synthèse** demande de présenter un raisonnement à partir de tes connaissances et des documents.

> Que tu présentes un **raisonnement** ou un **calcul**, n'oublie pas de conclure !

Sujet 1

Exerce-toi en vue du brevet.

25 POINTS — 30 min

La composition du lait maternel

→ RÉVISE LES FICHES 2, 3, 6 ET 8

Document 1 L'acidité du lait maternel

Le lait contient une espèce chimique aux propriétés acides qui est l'acide lactique de formule chimique $C_3H_6O_3$. Chez certaines femmes, en fonction de leur alimentation, l'acide lactique est présent en quantité telle que le pH du lait est égal à 6,0 ce qui en fait un lait impropre à la consommation pour les bébés.

Document 2 La conservation du lait maternel

Dans de bonnes conditions de congélation, et si la chaîne du froid est bien respectée, le lait humain peut être conservé jusqu'à six mois. Il faut respecter quelques précautions :

- congeler de petites doses dans des moules à glaçons ou des sachets spéciaux ;
- ne jamais recongeler ;
- contrôler régulièrement la température à l'intérieur du congélateur.

1. Donner la composition de la molécule d'acide lactique.

2. Compléter le tableau suivant avec les mots « acide », « neutre » et « basique ».

Valeurs du pH	$pH < 7$	$pH = 7$	$pH > 7$
Solution			

3. Trouve-t-on plus d'ions hydrogène H^+ ou d'ions hydroxyde HO^- dans le lait maternel ?

4. Quel est le nom du changement d'état qui s'opère dans le congélateur ? La masse et le volume des glaçons de lait maternel ont-ils varié ?

5. Sachant que la température du lait varie au cours de la congélation, indiquer si le lait est un corps pur ou un mélange.

6. La masse volumique ρ du lait maternel est égale à 1 030 g/L. Calculer la masse *m* de lait contenue dans un biberon de volume égal à 180 mL.

Démarrons ensemble

3. Le document 1 t'aidera à trouver le pH du lait maternel.
4. Utilise les lois de conservation au cours d'un changement d'état.
6. Pense à convertir le volume en litres.

Sujet 2

Exerce-toi en vue du brevet.

25 POINTS 30 min

Le clomifène

→ RÉVISE LES FICHES 5, 6 ET 7

Pour favoriser la réussite des fécondations in vitro (FIV), les femmes suivent souvent un traitement hormonal de stimulation ovarienne. Le traitement le plus simple est l'utilisation du citrate de clomifène. Ce médicament est moins efficace que d'autres, mais sa facilité d'utilisation est un atout qui explique son utilisation en premier recours.

Le citrate de clomifène a pour formule $C_{26}H_{28}ClNO$.

Document 1 Symboles de quelques atomes

Atome	Hydrogène	Hélium	Carbone	Oxygène	Azote	Fluor
Symbole	H	He	C	O	N	F

Atome	Sodium	Phosphore	Soufre	Chlore	Fer	Cuivre
Symbole	Na	P	S	Cl	Fe	Cu

Document 2 Tests d'identification de quelques ions

Ion à identifier	Réactif à ajouter	Précipité formé
Ion chlorure Cl^-	Ion argent Ag^+	Précipité blanc photosensible
Ion cuivre Cu^{2+}	Ion hydroxyde HO^-	Précipité bleu
Ion fer II Fe^{2+}	Ion hydroxyde HO^-	Précipité vert
Ion fer III Fe^{3+}	Ion hydroxyde HO^-	Précipité rouille
Ion zinc Zn^{2+}	Ion hydroxyde HO^-	Précipité blanc

1. Donner la composition de la molécule de citrate de clomifène.

2. L'élément chlore a pour formule $^{35}_{17}Cl$.

Donner la composition de l'atome de chlore (nombre de protons, neutrons et électrons).

3. Faire un schéma légendé de l'atome de chlore.

L'atome de chlore forme l'ion chlorure de formule Cl^-.

4. L'ion chlorure est-il un anion ou un cation ? Justifier.

5. À partir de la formule chimique de l'ion chlorure, donner sa composition (nombre de protons, neutrons et électrons).

6. **À partir du document 1, proposer un protocole qui permettrait de caractériser la présence d'ions chlorure dans une solution et indiquer le résultat à observer dans le cas où la solution testée contiendrait des ions chlorure.**

Démarrons ensemble

Cet exercice porte sur les fiches 5, 6 et 7 de physique-chimie.
1. Pour connaître les noms des atomes à partir de leurs symboles, utilise le document 1.
2. Le nombre en exposant correspond au nombre de masse A (nombre de nucléons), le nombre en indice correspond au numéro atomique Z (nombres de protons). Pour trouver le nombre N de neutrons utilise le fait que $A = N + Z$.
5. Un ion a un noyau identique à celui de l'atome dont il est issu, seul le nombre d'électrons diffère. C'est le nombre et le signe notés en exposant qui indiquent si l'ion a plus ou moins d'électrons que l'atome, et combien.

Sujet 3

Exerce-toi en vue du brevet.

25 POINTS — 30 min

La perception et l'émission des sons chez certains mammifères

→ RÉVISE LES FICHES 30 ET 31

Document 1 La perception de sons par les chats

Le chat est l'un des animaux dont l'ouïe est la plus fine. Il est capable de percevoir des sons de fréquence jusqu'à 64 000 Hz.

Document 2 L'émission de sons par certains mammifères

Il y a au moins deux mécanismes de production de sons par les « cordes » vocales des mammifères :
– le mécanisme classique qui produit, à chaque expiration, des sons intervenant dans la communication entre individus de la même espèce (parole et chant de l'homme : 20 à 20 000 Hz, miaulement du chat : 45 à 64 000 Hz, etc.) ;
– le ronronnement, la production des sons est causée par une modulation périodique du flux respiratoire. Ce mécanisme est bien connu chez les différentes espèces de chats (surtout entre 25 et 50 Hz). Le ronronnement est limité à certains félidés (chats, guépard, puma…).

D'après *Larynx et infrasons chez l'éléphant d'Afrique*, André Beaumont.

Document 3 La vitesse de propagation du son

Il y a au moins deux mécanismes de production de sons par les « cordes » vocales des mammifères :

La vitesse de propagation du son dans l'air est $v = 340\ \text{m} \cdot \text{s}^{-1}$.

1. Quelle catégorie de sons les chats sont-ils capables d'entendre que les hommes ne perçoivent pas ?

2. À quelle catégorie de sons appartiennent les ronronnements des chats ?

3. Un chat placé derrière un meuble miaule car il n'arrive pas à sortir de sa cachette. Le son met $1{,}5 \times 10^{-2}$ s pour arriver aux oreilles de son maître.

a. Déterminer la distance séparant le chat de son maître.

b. Identifier l'émetteur, le transmetteur et le récepteur du miaulement.

Démarrons ensemble

1. et **2.** Tu dois connaître les différentes catégories de sons en fonction de leurs fréquences.

3. a. Applique la formule permettant de déterminer une distance à partir de la durée et de la vitesse de propagation : $d = v \times t$.

Sujet 4

Exerce-toi en vue du brevet.

25 POINTS — 30 min

Les missions Apollo à la découverte de la Lune

→ RÉVISE LES FICHES 16, 19 ET 20

Le président américain John F. Kennedy prononça lors d'un discours en 1962 : « *We choose to go to the Moon* ». Le programme Apollo était alors lancé avec comme objectif d'envoyer des hommes sur la Lune. Ce programme connut son aboutissement avec les premiers hommes qui foulèrent le sol lunaire le 21 juillet 1969 : Neil Amstrong et Buzz Aldrin. Jusqu'en 1972, six autres missions envoyèrent des astronautes en mission sur la Lune.

Document 1 Quelques renseignements sur la Lune

La Lune est l'unique satellite naturel de la Terre. Son centre réalise autour du centre de la Terre une trajectoire qui est un cercle dont le rayon est égal à $R = 3{,}84 \times 10^8$ m. La vitesse à laquelle se déplace le centre de la Lune est constante et égale à $v = 1{,}02 \times 10^3\ \text{m} \cdot \text{s}^{-1}$.

Sa masse est égale à $M_L = 7{,}35 \times 10^{22}$ kg et l'intensité de la pesanteur lunaire est égale à $g_L = 1{,}6\ \text{N} \cdot \text{kg}^{-1}$.

Document 2 **Comment se déplacer sur la Lune ?**

La Lune est un milieu hostile pour l'homme : pas d'atmosphère, exposée aux radiations mortelles du Soleil et des variations de température fantastiques, entre –120 °C et 150 °C ! Les combinaisons du programme Apollo ont été développées afin de permettre des missions extravéhiculaires. Leur masse est égale à $m = 72$ kg mais comme la gravité est six fois plus faible sur la Lune, cela équivaut à porter une masse de 12 kg sur la Terre. On trouve dans ces combinaisons des réserves d'eau H_2O et de dioxygène O_2 qui permettent de réaliser des sorties d'environ quatre heures en dehors de la sonde lunaire.

1. D'après le document 1, trouver le type de mouvement du centre de la Lune. Peut-on alors affirmer qu'une force au moins s'applique sur la Lune ?

2. Calculer la durée mise par la Lune pour effectuer un tour complet autour de la Terre.

3. Calculer le poids lunaire de la combinaison spatiale décrite dans le document 2. Quel serait alors son poids terrestre ?

4. À la fin du seizième siècle, l'illustre scientifique Galilée était arrivé à la conclusion que deux corps de masses différentes et lâchés depuis une même hauteur touchent en même temps le sol. Cette expérience, difficile à réaliser sur Terre, a été faite sur la Lune par l'astronaute David Scott de la mission Apollo 15 en 1971.

Il lâcha en même temps un marteau de masse $m_M = 5{,}00 \times 10^2$ g et une plume de masse $m_P = 10$ g.

L'expérience lunaire confirma Galilée dans ses propos près de quatre siècles plus tard !

a. Calculer le poids lunaire des deux objets lâchés.

b. Les deux objets lâchés ont chacun eu un mouvement rectiligne accéléré. Quelle a été leur trajectoire et comment a évolué leur vitesse ?

Démarrons ensemble

2. Rappelle-toi que le périmètre d'un cercle est égal à $2 \times \pi \times R$.

3. Pour calculer le poids terrestre, le document 2 spécifie que la pesanteur est 6 fois plus grande sur la Terre que sur la Lune.

4. a. Pense à faire des conversions d'unité.

Sujet 5

Exerce-toi en vue du brevet.

25 POINTS

1 Étude des molécules dans une cellule humaine

30 min

→ RÉVISE LES FICHES 3, 4, 6 ET 10

Les cellules constituent l'unité de base du monde vivant. On en trouve près de cent mille milliards dans un corps humain. Chaque cellule possède plusieurs milliers de molécules différentes qui permettent d'assurer les fonctions de base.

Document 1 Le glucose, « carburant » des cellules

Le glucose est une molécule de formule chimique $C_6H_{12}O_6$. Sa température de fusion est égale à 146 °C et il est très soluble dans l'eau. Il est considéré comme énergétique en biochimie car sa réaction avec l'oxygène produisant de l'eau et du dioxyde de carbone est une source d'énergie pour les cellules. Une équation de réaction chimique correspondant à la réaction entre le glucose et le dioxygène est la suivante :

$$C_6H_{12}O_{6(s)} + 6\ O_{2(g)} \rightarrow 6\ CO_{2(g)} + 6\ H_2O_{(\ell)}$$

Document 2 Quelques molécules dans les cellules

On trouve les chromosomes dans les noyaux des cellules, ils sont porteurs de gènes qui constituent l'information génétique. Certaines molécules, telles que la thymine $C_5H_6O_2N_2$ ou la cytosine $C_4H_5ON_3$ sont responsables d'altérations de certains chromosomes.

1. Donner la composition en atomes des molécules de thymine et de cytosine.

2. Dans quel état trouve-t-on le glucose à une température de 20 °C ?

3. Un élève affirme que l'on peut dissoudre au maximum 10 grammes de glucose dans 1 litre d'eau, tandis qu'un autre affirme que l'on peut y dissoudre près de 900 grammes. Lequel de ces deux élèves a raison ?

4. On dissout 250 grammes de glucose dans un litre d'eau dont la masse est égale à 1 kilogramme.

Quelle est la masse en grammes de la solution de glucose préparée ?

5. Concernant la réaction du document 1, nommer les réactifs et les produits.

6. On fait réagir 180 grammes de glucose avec 192 grammes de dioxygène pour obtenir au final 108 grammes d'eau. Calculer la masse de dioxyde de carbone formé.

Démarrons ensemble

1. La réponse se trouve dans le document 2.
2. Le document 1 t'aidera à répondre à cette question.
3. Utilise le document 1 en t'appuyant sur la grande solubilité du glucose dans l'eau.
4. Pense à convertir les masses en grammes en appliquant une loi de conservation.

Sujet 6

Exerce-toi en vue du brevet.

25 POINTS

1 — 30 min — Jupiter, une planète gazeuse

→ RÉVISE LES FICHES 15 ET 29

Jupiter est une planète géante gazeuse. Il s'agit de la plus grosse planète du Système solaire et elle possède plusieurs satellites dont Europe découvert par Galilée en 1610.

Document 1 — Caractéristiques de Jupiter et Europe

Jupiter

Masse : $1{,}9 \times 10^{27}$ kg.

Distance moyenne Jupiter-Soleil : 778 300 000 km.

Atmosphère de Jupiter : 86 % de dihydrogène (H_2) ; 13 % d'hélium (He) ; 0,1 % de méthane (CH_4) et 0,9 % autres composants.

Europe

Masse : $4{,}8 \times 10^{22}$ kg.

Distance moyenne Jupiter-Europe : 671 100 km.

Document 2 — L'année lumière

L'année lumière est égale à la distance parcourue par la lumière dans le vide pendant une durée de un an : 1 al = $9{,}46 \times 10^{12}$ km.

Document 3 — La force gravitationnelle

La force gravitationnelle entre une planète A et un corps B a pour expression :

$$F = G \times \frac{M_A \times m_B}{d^2}.$$

Les masses M_A de la planète et la masse m_B l'objet sont en kg. La distance d est exprimée en mètres. La constante de la gravitation, notée G, a pour valeur : $G = 6{,}67 \times 10^{-11}\ N \cdot m^2 \cdot kg^{-2}$. La force F a pour unité le newton (N).

1. Quel est l'ordre de grandeur de la distance Jupiter-Soleil, en kilomètres ?
2. Convertir la distance Jupiter-Soleil en années lumière.

3. Modéliser par un schéma représentant Jupiter et Europe, la force gravitationnelle exercée par Jupiter sur Europe.

4. Déterminer la force gravitationnelle exercée par Jupiter sur Europe.

5. Donner la composition en atomes de la molécule de méthane.

6. Le carbone a pour symbole $^{12}_{6}C$.

Donner la composition de l'atome de carbone (nombres de protons, neutrons et électrons).

Démarrons ensemble

1. L'ordre de grandeur d'une valeur est égal à la puissance de 10 la plus proche de cette valeur. Pour déterminer l'ordre de grandeur d'une valeur, tu dois commencer par l'écrire en notation scientifique.

2. Utilise le document 2. Tu peux faire un tableau de proportionnalité :

Distance en années-lumière	Distance en km
1	$9,46 \times 10^{12}$
?	778 300 000

4. Utilise le document 3. Fais attention aux unités utilisées et à n'oublie pas le carré au dénominateur.

6. La composition d'un atome correspond aux nombres de protons, neutrons et électrons qu'il contient.

Sujet 1

1. L'acide lactique est composé de **3 atomes de carbone**, **6 atomes d'hydrogène** et **3 atomes d'oxygène**.

2.

Valeurs du pH	pH < 7	pH = 7	pH > 7
Solution	acide	neutre	basique

3. D'après le document 1, le lait maternel contient de l'acide lactique, c'est une solution acide (pH < 7), donc il contient **davantage** d'ions hydrogène que d'ions hydroxyde.

4. Lors de la congélation, le lait subit une **solidification**. La masse de lait maternel ne change pas (le nombre de molécules n'est pas modifié), mais le **volume** varie (l'organisation des molécules change).

5. Le lait est un **mélange**, sinon il y aurait eu un palier de température lors du changement d'état.

6. Calcul de la masse m d'un volume $V = 180$ mL de lait maternel :

$m = \rho \times V = 1\,030 \times 0{,}180 = 185$ g.

Méthode
Dans la formule, la masse est en grammes (g), le volume est en litres (L) et la masse volumique est en grammes par litre (g/L).

Sujet 2

1. La molécule de citrate de clomifène est constituée de :
- 26 atomes de carbone ;
- 28 atomes d'hydrogène ;
- 1 atome de chlore ;
- 1 atome d'azote ;
- 1 atome d'oxygène.

2. Le nombre de masse A de l'atome de chlore est égal à 35 : l'atome de chlore contient **35 nucléons** dans son noyau.
Le numéro atomique Z est égal à 17 : l'atome de chlore contient **17 protons** dans son noyau.
Le nombre de neutrons est $N = A - Z = 35 - 17 = 18$: l'atome de chlore contient **18 neutrons** dans son noyau.
Un atome étant électriquement neutre, il contient autant de protons que d'électrons : l'atome de chlore contient donc **17 électrons**.

3.

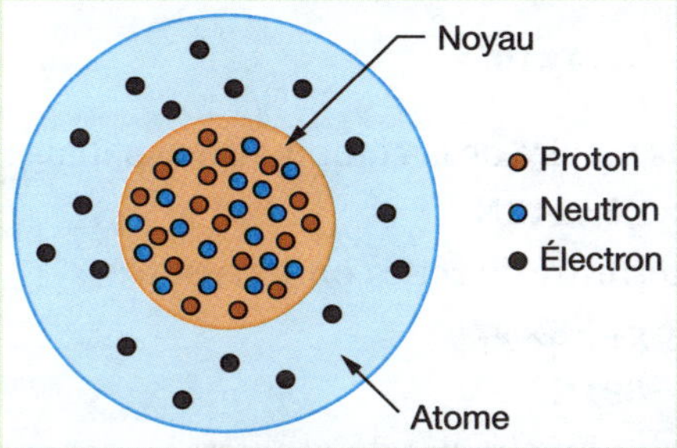

4. L'ion chlorure est un **anion** car il est chargé négativement (–1 en exposant).

5. L'ion chlorure est un atome de chlore qui a gagné un électron, sa composition est donc de 35 nucléons dont **17 protons** et **18 neutrons** et il contient $17 + 1 = $ **18 électrons**.

6. Pour caractériser la présence d'ions chlorure dans une solution, il faut introduire quelques millilitres de la solution dans un tube à essai puis verser quelques gouttes d'une solution contenant des ions argent Ag^+ dans le tube. Si la solution contient des ions chlorure, nous observons l'apparition d'un précipité blanc photosensible.

Mot-clé
Le précipité est **photosensible** car sous l'action de la lumière, sa couleur passe du blanc au gris.

Sujet 3

1. À la différence de l'homme, les chats sont capables d'entendre des **ultrasons** (fréquence supérieure à 20 000 Hz).

2. Les ronronnements des chats ont une fréquence comprise entre 25 et 50 Hz, donc il s'agit de sons **audibles**.

3. a. $d = v \times t = 340 \times 1{,}5 \times 10^{-2} = 5{,}1$ m.

Le chat se situe à une distance de **5,1 m** de son maître.

b. Le **chat** est l'émetteur du son, l'**air** est le transmetteur, et l'**oreille** de l'humain est le récepteur.

Sujet 4

1. Le centre de la Lune a un **mouvement circulaire et uniforme**. On peut donc affirmer qu'une force au moins s'applique sur la Lune car sinon le mouvement aurait été rectiligne et uniforme.

2. Calculons la durée mise par la Lune pour effectuer un tour complet autour de la Terre :

$$\Delta t = \frac{d}{v} \text{ avec } d = 2 \times \pi \times R$$

$\Delta t = \dfrac{2 \times \pi \times 3{,}84 \times 10^8}{1{,}02 \times 10^3} = \mathbf{2{,}4 \times 10^6\ s}$.

3. Calculons le poids lunaire de la combinaison spatiale :

$P_{lunaire} = m \times g_L = 72 \times 1{,}6 = \mathbf{115 N}$.

Calculons le poids terrestre de cette combinaison :

$P_{terrestre} = m \times g_T$ avec $g_T = 6 \times g_L$

$P_{terrestre} = 72 \times 6 \times 1{,}6 = \mathbf{691 N}$.

4. a. Calculons le poids lunaire des deux objets lâchés :

$P_{lunaire}(\text{marteau}) = m_M \times g_L$

avec $m_M = 5{,}00 \times 10^2\ g = 5{,}00 \times 10^{-1}\ kg$

$P_{lunaire}(\text{marteau}) = 5{,}00 \times 10^{-1} \times 1{,}6 = \mathbf{0{,}8 N}$.

$P_{lunaire}(\text{plume}) = m_P \times g_L$

avec $m_P = 10\ g = 1{,}0 \times 10^{-2}\ kg$

$P_{lunaire}(\text{marteau}) = 1{,}0 \times 10^{-2} \times 1{,}6 = \mathbf{0{,}016 N}$.

b. La trajectoire des deux objets lâchés est une **droite** et leurs vitesses **augmentent**.

Sujet 5

1. La thymine est composée de **5 atomes de carbone**, **6 atomes d'hydrogène**, **2 atomes d'oxygène** et **2 atomes d'azote**.

La cytosine est composée de **4 atomes de carbone**, **5 atomes d'hydrogène**, **1 atome d'oxygène** et **3 atomes d'azote**.

2. Le glucose est à l'état **solide** car 20 °C est inférieur à sa température de fusion qui est égale à 146 °C.

3. C'est le **second élève** qui a raison car, d'après le document 1, le glucose est très soluble dans l'eau.

4. Lors d'une dissolution, il y a conservation de la masse totale donc la masse de la solution de glucose est égale à la somme des masses de l'eau et du glucose :

$m_{solution} = m_{glucose} + m_{eau}$

$m_{solution} = 250 + 1\,000 = \mathbf{1250 g}$.

5. Les réactifs sont le **glucose** et le **dioxygène** tandis que les produits sont le **dioxyde de carbone** et l'**eau**.

6. Au cours d'une réaction chimique, la masse des produits formés est égale à la masse des réactifs. On a donc l'égalité suivante :

$m_{glucose} + m_{dioxygène} = m_{dioxyde\ de\ carbone} + m_{eau}$

$m_{dioxyde\ de\ carbone} = m_{dioxygène} + m_{glucose} - m_{eau}$

$m_{dioxyde\ de\ carbone} = 180 + 192 - 108 = \mathbf{264 g}$.

Sujet 6

1. La distance Jupiter-Soleil est de 778 300 000 = 7, 783 × 10^8 km, l'ordre de grandeur de cette distance est **10^9 km**.

2.

÷ 9,46 × 10^{12}

Année-lumière	Distance en km
1	9,46 × 10^{12}
?	778 300 000

$$d_{\text{Jupiter-Soleil}} = \frac{778\,300\,000}{9,46 \times 10^{12}} = \mathbf{8{,}2 \times 10^{-5}\,al}.$$

3.

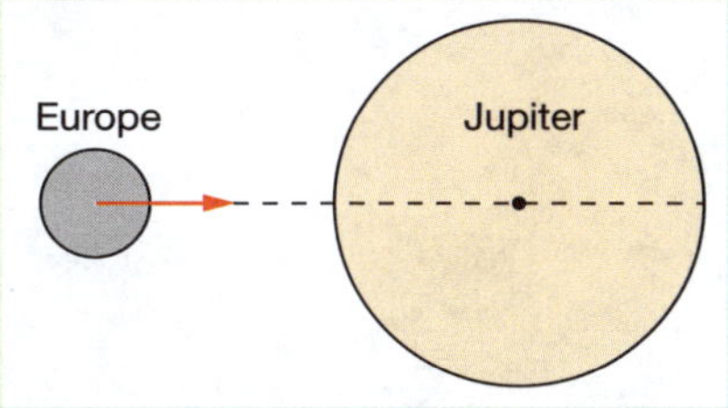

4. $F = G \times \frac{M_{\text{Jupiter}} \times m_{\text{Europe}}}{d^2_{\text{Jupiter-Europe}}}$

$$F = 6{,}67 \times 10^{-11} \times \frac{1{,}9 \times 10^{27} \times 4{,}8 \times 10^{22}}{(671\,100 \times 10^3)^2}$$

$\mathbf{F = 1{,}4 \times 10^{22}\ N}$.

5. D'après sa formule chimique, le méthane est constitué d'**un atome de carbone** et de **quatre atomes d'hydrogène**.

6. Le nombre de masse A est égal à 12 : l'atome de carbone contient **12 nucléons** dans son noyau.

Le numéro atomique Z est égal à 6 : l'atome de carbone contient **6 protons** dans son noyau.

Le nombre de neutrons est $N = A - Z = 12 - 6 = 6$: l'atome de carbone contient **6 neutrons** dans son noyau.

Un atome étant électriquement neutre, il contient autant de protons que d'électrons : l'atome de carbone contient donc **6 électrons**.

ANNEXE 1

Pictogrammes de sécurité

	**Corrosif** Brûlures de la peau et lésions oculaires graves. Attaque des métaux.
	**Nocif ou irritant** Irritations et brûlures de la peau et du système respiratoire, lésions oculaires graves.
	**Toxique** Irritations et brûlures de la peau et du système respiratoire, lésions oculaires graves.
	**Danger pour la santé** Irritations et brûlures du système respiratoire. Détériorations du système reproductif. Substances cancérigènes.
	**Inflammable** Substances facilement inflammables.
	**Comburant** Peut provoquer ou aggraver un incendie.
	**Gaz sous pression** Peut exploser sous l'effet de la chaleur ou provoquer des brûlures dues au froid.
	**Explosif** Substances instables et explosives même seules.
	**Polluant et toxique pour l'environnement** Dangereux et toxique pour l'environnement dont le milieu aquatique.

ANNEXE 2

Classification périodique des éléments chimiques

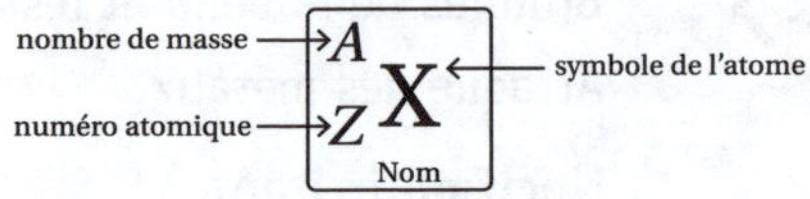

$^{1}_{1}\mathrm{H}$ Hydrogène								
$^{7}_{3}\mathrm{Li}$ Lithium	$^{9}_{4}\mathrm{Be}$ Béryllium							
$^{23}_{11}\mathrm{Na}$ Sodium	$^{24}_{12}\mathrm{Mg}$ Magnésium							
$^{39}_{19}\mathrm{K}$ Potassium	$^{40}_{20}\mathrm{Ca}$ Calcium	$^{45}_{21}\mathrm{Sc}$ Scandium	$^{48}_{22}\mathrm{Ti}$ Titane	$^{51}_{23}\mathrm{V}$ Vanadium	$^{52}_{24}\mathrm{Cr}$ Chrome	$^{55}_{25}\mathrm{Mn}$ Manganèse	$^{56}_{26}\mathrm{Fe}$ Fer	$^{59}_{27}\mathrm{Co}$ Cobalt
$^{85}_{37}\mathrm{Rb}$ Rubidium	$^{88}_{38}\mathrm{Sr}$ Strontium	$^{89}_{39}\mathrm{Y}$ Yttrium	$^{91}_{40}\mathrm{Zr}$ Zirconium	$^{93}_{41}\mathrm{Nb}$ Niobium	$^{96}_{42}\mathrm{Mo}$ Molybdène	$^{99}_{43}\mathrm{Tc}$ Technétium	$^{101}_{44}\mathrm{Ru}$ Ruthénium	$^{103}_{45}\mathrm{Rb}$ Rhodium
$^{133}_{55}\mathrm{Cs}$ Césium	$^{137}_{56}\mathrm{Ba}$ Baryum		$^{178}_{72}\mathrm{Hf}$ Hafnium	$^{181}_{73}\mathrm{Ta}$ Tantale	$^{184}_{74}\mathrm{W}$ Tungstène	$^{186}_{75}\mathrm{Re}$ Rhénium	$^{190}_{76}\mathrm{Os}$ Osmium	$^{192}_{77}\mathrm{Ir}$ Iridium
$^{223}_{87}\mathrm{Fr}$ Francium	$^{262}_{88}\mathrm{Ra}$ Radium		$^{261}_{104}\mathrm{Rf}$ Rutherfordium	$^{262}_{105}\mathrm{Db}$ Dubnium	$^{203}_{106}\mathrm{Sg}$ Seaborgium	$^{262}_{107}\mathrm{Bh}$ Bohrium	$^{265}_{108}\mathrm{Hs}$ Hassium	$^{266}_{109}\mathrm{Mt}$ Meitnerium
			$^{139}_{57}\mathrm{La}$ Lanthane	$^{140}_{58}\mathrm{Ce}$ Cérium	$^{141}_{59}\mathrm{Pr}$ Praséodyme	$^{144}_{60}\mathrm{Nd}$ Néodyme	$^{145}_{61}\mathrm{Pm}$ Prométhium	$^{150}_{62}\mathrm{Sm}$ Samarium
			$^{227}_{89}\mathrm{Ac}$ Actinium	$^{232}_{90}\mathrm{Th}$ Thorium	$^{231}_{91}\mathrm{Pa}$ Protactinium	$^{238}_{92}\mathrm{U}$ Uranium	$^{237}_{93}\mathrm{Np}$ Neptunium	$^{244}_{94}\mathrm{Pu}$ Plutonium

								4 He 2 Hélium
			11 B 5 Bore	12 C 6 Carbone	13 N 7 Azote	14 O 8 Oxygène	16 F 9 Fluor	19 Ne 10 Néon
			27 Al 13 Aluminium	28 Si 14 Silicium	31 P 15 Phosphore	32 S 16 Souffre	35 Cl 17 Chlore	40 Ar 18 Argon
59 Ni 28 Nickel	64 Cu 29 Cuivre	65 Zn 30 Zinc	70 Ga 31 Gallium	73 Ge 32 Germanium	75 As 33 Arsenic	79 Se 34 Sélénium	80 Br 35 Brome	84 Kr 36 Krypton
106 Pd 46 Palladium	108 Ag 47 Argent	112 Cd 48 Cadmium	115 In 49 Indium	119 Sn 50 Etain	122 Sb 51 Antimoine	128 Te 52 Tellure	127 I 53 Iode	131 Xe 54 Xénon
195 Pt 78 Platine	197 Au 79 Or	201 Hg 80 Mercure	204 Tl 81 Thallium	207 Pb 82 Plomb	209 Bi 83 Bismuth	209 Po 84 Polonium	210 At 85 Astate	222 Rn 86 Radon
268 Uun 110 Ununnillium	272 Uuu 111 Unununium	277 Uub 112 Ununbium		285 Uuq 114 Ununquadium		289 Uuh 116 Ununhexium		293 Uuo 118 Ununoctium
152 Eu 63 Europium	157 Gd 64 Gadolinium	159 Tb 65 Terbium	163 Dy 66 Dysprosium	165 Ho 67 Holmium	197 Er 68 Erbium	169 Tm 69 Thulium	173 Yb 70 Ytterbium	175 Lu 71 Lutétium
243 Am 95 Américium	247 Cm 96 Curium	231 Bk 97 Berkélium	251 Cf 98 Californium	254 Es 99 Einsteinium	257 Fm 100 Fermium	258 Md 101 Mendélévium	259 No 102 Nobélium	260 Lr 103 Lawrencium

ANNEXE 3

Tests d'identification les plus courants

Substance à tester	Substance à utiliser	Expérience, observation et conclusion
Eau	Sulfate de cuivre anhydre	Pour réaliser le test il faut mettre en contact le liquide testé avec le sulfate de cuivre anhydre. On observe ensuite l'aspect du sulfate de cuivre : – si il est bleu, le test est positif et l'on peut conclure que le liquide testé est constitué d'eau ; – si il conserve son aspect blanc, le test est négatif et l'on peut conclure que le liquide testé ne contient pas d'eau.
Dioxygène	Allumette incandescente	Pour réaliser le test il faut approcher une allumette incandescente du gaz testé On observe ensuite l'allumette : – si elle s'enflamme, le test est positif et l'on peut conclure que le gaz testé est constitué de dioxygène ; – si elle ne s'enflamme pas et s'éteint, le test est négatif et l'on peut conclure que le gaz testé ne contient pas de dioxygène.
Dioxyde de carbone	Eau de chaux	Pour réaliser le test il faut mettre en contact le gaz testé avec l'eau de chaux On observe ensuite l'apparence de l'eau de chaux : – si elle se trouble, le test est positif et l'on peut conclure que le gaz testé est constitué de dioxyde de carbone ; – si elle conserve son aspect limpide le test est négatif et l'on peut conclure que le gaz testé ne contient pas de dioxyde de carbone.

ANNEXE 4

Tests d'identification des ions

Nom Formule de l'ion recherché	**Réactif utilisé**	**Résultat du test**
Ion cuivre (II) **Cu^{2+}**	**Ion hydroxyde (HO^-)** d'une solution d'hydroxyde de sodium **(soude)** (Na^+ + HO^-)$_{aq}$	Précipité **bleu** d'hydroxyde de cuivre II $Cu(OH)_{2(s)}$
Ion fer (II) **Fe^{2+}**		Précipité **vert foncé** d'hydroxyde de fer II $Fe(OH)_{2(s)}$
Ion fer (III) **Fe^{3+}**		Précipité **rouge-orangé (rouille)** d'hydroxyde de fer III $Fe(OH)_{3(s)}$
Ion zinc **Zn^{2+}**		Précipité **blanc** d'hydroxyde de zinc $Zn(OH)_{2(s)}$ qui se dissout à nouveau dans un excès d'hydroxyde de sodium.
Ion chlorure **Cl^-**	**Ion argent (Ag^+)** d'une solution de nitrate d'argent (Ag^+ + NO_3^-)$_{aq}$	Précipité **blanc** de chlorure d'argent $AgCl_{(s)}$ qui noircit à la lumière (photosensible)
Ion sulfate **SO_4^{2-}**	**Ion baryum (Ba^{2+})** d'une solution de chlorure de baryum (Ba^{2+} + 2 Cl^-)$_{aq}$	Précipité **blanc** de sulfate de baryum $BaSO_{4(s)}$

ANNEXE 5

Unités usuelles

Grandeurs	Symbole de la grandeur	Unité	Symbole de l'unité	Conversion éventuelle
Temps	t	seconde	s	
		minute	min	1 min = 60 s
		heure	h	1 h = 3 600 s
		jour	j	1 jour = 86 400 s
Masse	m	kilogramme	kg	
		gramme	g	1 g = 10^{-3} kg
		tonne	t	1 t = 10^{3} kg
Longueur	l	mètre	m	
		angström	Å	1 Å = 10^{-10} m
		unité astronomique	UA	1 UA = $1{,}50 \times 10^{11}$ m
		année-lumière	al	1 al = $9{,}46 \times 10^{15}$ m
Température	T	kelvin	K	
	θ	degré Celsius	°C	θ(°C) = T(K) – 273,15
Volume	V	litre	L	1 L = 10^{-3} m^3
		centimètre cube	cm^3	1 cm^3 = 10^{-6} m^3
		millilitre	mL	1 mL = 1cm^3 = 10^{-6} m^3
Pression	P	pascal	Pa	
		bar	bar	1 bar = 10^5 Pa
Intensité électrique	i	ampère	A	
Tension électrique	u	volt	V	
Résistance électrique	R	ohm	Ω	
Puissance	P	watt	W	
Énergie	E	joule	J	
		wattheure	Wh	1 Wh = 3 600 J
Vitesse	v	mètre par seconde	m · s^{-1}	
		kilomètre par heure	km · h^{-1}	1 km · h^{-1} = $\frac{1}{3{,}6}$ m · s^{-1}

ANNEXE 6

Écriture des nombres

Multiples et sous multiples

Les multiples et sous multiples sont donnés ici pour le mètre mais sont valables pour toutes les unités.

Multiples du mètre	Sous-multiple du mètre
Yottamètre : 1 Ym = 10^{24} m	Décimètre : 1 dm = 10^{-1} m
Zettamètre : 1 Zm = 10^{21} m	Centimètre : 1 cm = 10^{-2} m
Examètre : 1 Em = 10^{18} m	Millimètre : 1 mm = 10^{-3} m
Pétamètre : 1 Pm = 10^{15} m	Micromètre : 1 mm = 10^{-6} m
Téramètre : 1 Tm = 10^{12} m	Nanomètre : 1 nm = 10^{-9} m
Gigamètre : 1 Gm = 10^{9} m	Picomètre : 1 pm = 10^{-12} m
Mégamètre : 1Mm = 10^{6} m	Femtomètre : 1 fm = 10^{-15} m
Kilomètre : 1 km = 10^{3} m	Attomètre : 1 am = 10^{-18} m
Hectomètre : 1hm = 10^{2} m	Zeptomètre : 1 zm = 10^{-21} m
Décamètre : 1 dam = 10^{1} m	Yoctomètre : 1 ym = 10^{-24} m

Mètre : 1 m = 10^{0} m

Écriture scientifique d'un nombre

La **notation scientifique** est une représentation d'un nombre décimal. Elle consiste à exprimer le nombre sous la forme :

$$N = A \times 10^{n}$$

où A est un nombre décimal avec un seul chiffre non nul avant la virgule et n est un entier relatif.

Ordre de grandeur d'un nombre

- Par définition, l'**ordre de grandeur** d'une valeur est égal à la puissance de 10 la plus proche de cette valeur.
- Il faut respecter un processus en trois étapes :

– mettre la valeur en notation scientifique :
$N = A \times 10^{n}$ où A est compris entre 1 et 10 ;
– trouver l'encadrement en puissance de dix ;
– choisir la puissance de dix la plus proche du nombre : si A est inférieur à 5, on choisit la puissance de dix la plus petite. Si A est supérieur ou égal à 5 on choisit la puissance de dix la plus grande.

ANNEXE 7

Écriture des résultats numériques

Chiffres significatifs et écriture scientifique

- Lorsqu'on réalise un calcul, il n'est pas possible d'avoir une **précision** supérieure à celles des données ou des mesures réalisées : le résultat doit avoir un nombre de chiffres significatifs adapté.
- On appelle **chiffres significatifs**, l'ensemble des chiffres que comporte un nombre et qui donne une précision sur sa valeur. Dans un nombre décimal, tous les chiffres sont significatifs sauf les « 0 » situés à gauche du premier chiffre non nul.
- Lorsque l'on passe de l'écriture décimale à l'**écriture scientifique** ($a \times 10^n$, avec $0 < a < 10$ et n entier relatif) le nombre « a » doit avoir la même précision que le nombre décimal : le nombre de chiffres significatifs doit être le même.

Écriture décimale	Écriture scientifique	Nombre de chiffres significatifs
565,30	$5{,}6530 \times 10^2$	5
0,007 008	$7{,}008 \times 10^{-3}$	4
0,000 02	2×10^{-5}	1

Résultat d'une multiplication ou d'une division

- Le résultat doit comporter autant de chiffres significatifs que la valeur utilisée ayant le moins de chiffres significatifs.

Exemple : Calcul de la distance parcourue par la lumière dans le vide en 6,0 secondes :

$$d = v_{lum} \times t = 3{,}00 \times 10^8 \times 6{,}0 = 1{,}8 \times 10^9 \text{ m}$$

- Lorsque, dans un calcul, un nombre entier est un **multiplicateur ou un diviseur** et non une variable, on ne tient pas compte de ses chiffres significatifs.

Exemple : Calcul la puissance de deux lampes identiques :

$$P = 2 \times P_{lampe} = 2 \times 75 = 150 \text{ W}$$

Résultat d'une addition ou d'une soustraction

La précision du résultat (nombre de décimales) est égale à la plus petite des précisions des valeurs impliquées dans le calcul.

Exemple : Calcul de la masse de soluté :

$$m_{soluté} = m_{solution} - m_{solvant} = 150 - 94{,}8 = 55 \text{ g}$$

INDEX

TABLE DES ILLUSTRATIONS

Achevé d'imprimer en Italie par L.E.G.O. S.p.A. - Lavis (TN)
Dépôt légal : 04727-3/02 - Décembre 2018